花生生产机械化技术

郭辉 张雨 等◎编

中国农业出版社
北京

本书编写人员

主　　编：郭　辉　张　雨

副 主 编：董远德　郑　赟　苏海英

参编人员：仇世龙　周　稳　饶志强　王　静

高晓旭　罗清瑜　杨春天

FOREWORD 前言

农业机械化是加快推进农业农村现代化的关键抓手和基础支撑。“十三五”以来，我国农业机械化取得了长足发展，形成了向全程全面高质高效转型升级的良好态势，为保障粮食等重要农产品供给安全、打赢脱贫攻坚战、全面建成小康社会提供了强有力支撑。

“十四五”时期，对农业机械化全程全面和高质量发展提出了新的更高的要求。为贯彻落实《中华人民共和国国民经济和社会发展第十四个五年规划和2035年远景目标纲要》《“十四五”推进农业农村现代化规划》和《国务院关于加快推进农业机械化和农机装备产业转型升级的指导意见》有关部署，2021年12月农业农村部特制定《“十四五”全国农业机械化发展规划》，文件指出提高农机装备研发应用能力要从两方面出发。第一，加强农机装备薄弱环节研发。推进粮食作物和战略性经济作物育、耕、种、管、收、运、贮等薄弱环节先进农机装备研制。第二，推进农业机械化全程全面发展。健全农作物全程机械化生产体系，加快推进品种、栽培、装备集成配套。

2021年12月农业农村部印发《“十四五”全国种植业发展规划》，文件强调适当扩大种植面积，打造花生全产业链基地县。选育推广早熟高产、耐低温品种。集成推广玉米花生宽幅间作、大垄双行地膜覆盖、水肥一体化、垄上交错单粒播种等关键技术。集成推广起垄种植、宽窄行机械化种植、宽幅间作、单粒精播、水肥一体化、全程机械化等关键技术。在西北地区，优化耕作制度，扩大种植面积。在新疆次宜棉区推进花生棉花轮作，利用农牧交错地、河滩地、沙土地，适度扩种花生。选育推广早熟高产、耐盐碱花生品种。集成推广控盐碱、地膜覆盖、膜下滴灌、垄作密植、机械收获等关键技术。

为全面贯彻落实国务院、农业农村部发布的相关通知，加快推进全国农业机械化进程，充实农作物全过程机械化作业体系，本书根据花生全过程机械化作业体系要求，详述典型油料作物花生在耕地、播种、中耕、收获、剥壳等各作业模式下的核心技术及关键装备，同时明确作业装备的保养及维护守则。本书可满足相关技术人员及学生对花生生产机械的产品种类、使用方法、设备保养维护等各方面的了解和学习。希望本书能对广大读者在学术交流及实际应用方面具有一定的参考价值。

由于编者水平有限，书中难免出现遗漏和不足之处，敬请广大读者批评指正。

编　者

2023年11月

CONTENTS 目录

第1章 绪　论

1　概述

我国食用油脂的供需失衡是制约社会发展的短板。农业部专门印发了《全国种植业结构调整规划（2016—2020年）》，明确了油料作物的品种结构调整重点：两油为主，多油并举，重点发展油菜和花生。新疆花生具有出油率高、油脂品质好、单产水平高等突出特点，其种植面积的扩大有利于提高我国食用油脂产量，进一步增加国内食用油的市场供给。

花生是我国重要的油料和经济作物，发展花生生产对缓解食用油脂供应不足具有重要作用，花生仁含有丰富的脂肪，占花生总质量的50%左右，在几种主要食用油料作物中，花生的脂肪含量仅次于芝麻，高于油菜籽、大豆和棉籽。花生不仅富含油脂、蛋白质、膳食纤维等，而且富含微量元素。同时，花生也富含植物固醇，包括白藜芦醇、β-谷固醇和植物异黄酮等。花生含有丰富的营养成分，是我国不可缺少的食物之一。

目前我国花生种植区域分布很广，主要集中在华北黄淮地区、长江流域、东北地区及华南地区，并以河南、山东等省份为主。新疆属典型的温带大陆性干旱气候，光照充足，昼夜温差大，有利于花生的优质高产，而且新疆气候干燥，病虫害尤其是黄曲霉的发生率低，保证了花生产品的品质。新疆广袤的地域和得天独厚的气候条件为花生种植提供了极为有利的基础，因此新疆在花生的大规模种植方面具有相当大的潜力。农作物大面积生产面临的是作物全过程机械化作业问题，需要耕地、播种、中耕、收获及剥壳等深加工机械设备。

受油料作物种植结构调整影响，新疆花生种植区域不断扩大、种植面积稳定增长，花生生产全过程机械化需求正在日益增加，解决花生综合机械化问题刻不容缓。新疆花生作业机械属小众作物作业机械产品，但随着近两年来花生种植模式的进步，花生机械发展迅速，在农机市场成为新产品品种增加最多、市场销量增长最猛、作业面积提升最快的机械产品。自新疆响应国家政策开始大面积种植花生以来，新疆花生产区已成为农业机械化、轻简化、现代化生产的代表，形成了生产规模化与全程机械化相互促进的发展态势，花生收获机械销售量逐年递增，成为农民最需要的作业机械，也展现出了无限的市场潜力。

2 花生生产机械化现状

在发达国家，花生生产作业全过程机械化已经普及。目前在花生机械化作业方面西方发达国家发展较为先进。在耕地机方面，使用的耕地机械多为通用机械，应用也较为成熟。在花生播种机方面，20 世纪 80 年代，奥地利 Wintersteiger 公司将 Oyjord 小区精量播种技术收购，并于 1983 年申请了气吸式自走小区播种机的世界专利，该项精密排种技术一直沿用至今。在中耕机方面，目前专门用于花生作物上的机械较少，主要用于马铃薯种植。意大利在马铃薯中耕方面比较具有代表性，如意大利 MECANICA CEAHLAU 公司生产的 CFM9 型马铃薯中耕机，能同时进行松土、培土、施肥等多项中耕作业。在花生收获设备方面，美国的 AMADAS、KMC 等公司生产的装备种类齐全，配套性能高，在市场上有一定的占有率，目前其设备仅向发展中国家出口。在花生剥壳设备方面，LMC（Lewis M. Carter）公司占据了美国商用花生剥壳设备 90%的市场份额。就发达国家来看，高密度、大型化仍然是其重点发展方向。

我国从 20 世纪 80 年代开始引进、研制小型花生挖掘机、摘果机，但限于当时国情，研究和应用迟缓。进入 21 世纪后，在农业发展提速、花生形势看好、急需解决花生机械问题特别是收获机械问题的背景下，随着国内科研院所及各类企业的努力，花生作业机械的发展也在逐渐起势，各类播种机、残膜回收机、喷药机、收获机相继推出，取得许多突破性成果，推动了我国花生生产技术的快速发展。特别是在花生收获机械方面，各企业、高校、科研院所研制出适应于单垄、双垄的各种类花生收获机械，收获效果良好，达到国家收获标准。近几年新疆通过积极引进花生生产机械，花生机械化收获率显著提高，但是由于新疆气候比较干燥，降水量少，在北疆易形成板结性土壤，质地较为坚硬，引入的花生收获机械适应性差强人意。南疆地区土壤砂性较强，收获机械常出现限深轮下陷情况，影响收获效果。同时，国内开始重视对大型的花生分级精选、剥壳和深加工等机械的研制、开发创造和推广，随后就有了几十种新型花生剥壳机的问世，并推广到许多花生种植较广泛的地区进行作业。虽然近几年花生作业机械发展迅速，但是与发达国家的全过程机械化作业相比还有一定差距。不过，随着国务院及农业农村部政策的相继出台，西北地区成为国家油料体系战略安全的压舱石，故在花生生产机械化方面，新疆将会是该领域的排头兵，新疆花生全过程机械化生产将会得到长足的发展。

第2章　耕、整、平地机械

1　耕地机械

耕地是种植业中最基本的作业。其主要目的是通过土层翻转，将表层土壤连同地表杂草、残茬、虫卵、草籽、肥料等一起埋到沟底，起到松碎土壤、改善土壤结构、消灭杂草和病虫害、为作物生长创造良好的土壤条件的作用。根据地区、气候、自然条件及耕地传统，耕地方法大致分为：平翻（普通式和复式）、深耕（全深翻、上翻下松、深松）、旋耕和少耕、免耕。按季节可分为春翻、伏翻、秋翻（冬翻）。

1.1　耕地作业技术要求

（1）耕地作业要在适宜的农时期限内及适宜的墒度内进行。

（2）耕翻土地要达到规定的深度，均匀一致，与规定耕深相差不得超过1cm。对于耕作层较浅、地下水位高、盐碱重的土地，应有计划地逐年加深；一般用深耕犁，耕深为40～70cm。

（3）垡片翻转良好，地表的残株、杂草、肥料及其他地表物要覆盖严密。

（4）耕地要求耕直，耕后地表平整、松碎均匀，不重不漏，地头整齐，耕到地头地边，无回垡和立垡现象发生。

（5）严格耕作制度，开闭垡每次耕作要依前次情况而变更，不得多年重复一种耕作方向，防止破坏土地的平整性。

（6）消灭或减少闭垄台和开垄沟。

（7）耕地前必须用圆片耙或缺口耙进行灭茬作业。

1.2　耕地机具种类及结构

我国耕地面积辽阔，各地气候、土壤条件、耕作制度都有很大差异，耕地机具种类较多。按用途可分为旱地犁、水田犁、深松犁和特种用途犁等；按部件耕作原理可分为铧式犁、旋耕犁、深松犁等；按与拖拉机挂接方式可分为牵引犁、悬挂犁、半悬挂犁等；按犁的强度大小和所适应的土壤等级可分为轻型犁、中型犁、重型犁等。

铧式犁能有效地翻转土垡，但碎土能力差，耕后需经耙地才能得到播种所需要的苗床。

旋耕机以其旋转工作部件切削土壤，因而碎土和拌和作用强，但不能翻土，耕深较浅。

深松犁是疏松连年同层耕翻而形成坚硬的犁底层的机具。凿形齿铲可挖穿犁底层但不翻转土壤，使底层土壤通气透水，以便作物根系向深处伸展，吸取较多的水分；又可使地表平整，能防风雨的侵蚀。

1.2.1　铧式犁

铧式犁曾经是应用最广的耕作机械。用铧式犁耕地可改善土壤结构，翻埋残茬、杂草、绿肥或农家肥，有利于消灭杂草、病虫害和恢复土壤肥力。按挂接方式可分为牵引犁、悬挂犁、半悬挂犁 3 种。

（1）牵引犁。由犁体、犁刀、犁架、牵引装置、起落机构、耕深和水平调节机构、犁轮等组成。犁以牵引装置与拖拉机挂接。耕地时，犁的沟轮与尾轮走在沟底，地轮走在未耕地上。调节地轮高度可以控制耕深。通过水平调节机构调节沟轮的高低位置，使耕地时犁架保持水平姿态，前后犁体耕深一致。由拖拉机液压系统推动犁上的分置油缸，带动沟轮、地轮弯臂摆动实现犁的起落，转换工作状态和运输状态（图 2－1）。

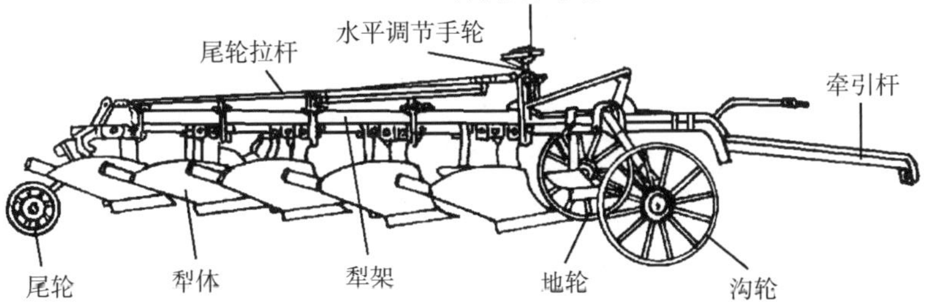

图 2－1　1L－935 牵引九铧犁

（2）悬挂犁。由犁体、犁刀、犁架、悬挂装置和耕宽调节装置等组成

(图 2 - 2)。通过悬挂装置将犁与拖拉机挂接。耕深由拖拉机液压系统力调节或位调节控制，也可由犁的限深轮控制，即高度调节法。为防止重耕和漏耕，通过耕宽调节器改变犁的 2 个下悬挂点的前后相对位置来控制正确耕宽。耕宽调节器有销轴式和曲拐轴式等。

图 2 - 2　1L - 520 悬挂犁

(3) 半悬挂犁。半悬挂犁的前端与拖拉机悬挂机构挂接，后端用尾轮支承，兼有牵引和悬挂犁的优点 (图 2 - 3)。半悬挂犁由犁体、犁刀、犁架、半悬挂架、限深轮、尾轮及其操向机构等组成。耕深可用调节限深轮的高低来控制，也可用拖拉机液压系统的力调节功能。犁的起落由拖拉机液压系统控制。起升犁时，犁架前端被拖拉机悬挂机构提起，提升到一定

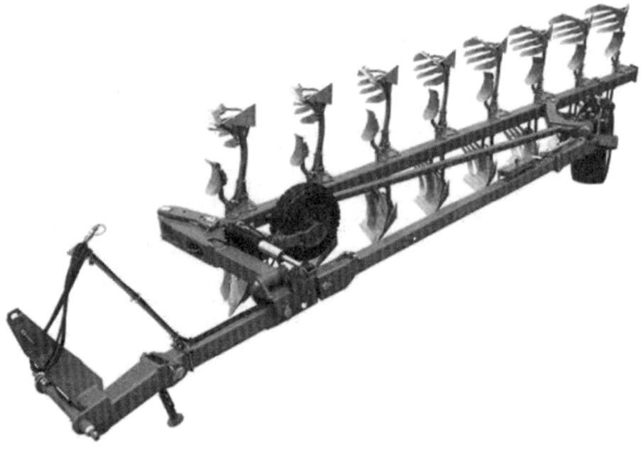

图 2 - 3　LKD 型半悬挂犁

高度后，通过尾轮油缸使犁的后部升起，由尾轮支承后部重量。尾轮操向机构与拖拉机悬挂机构的固定臂连接，机组转弯时，尾轮自动操向。

1.2.2　旋耕犁

旋耕犁适于深耕，碎土，混合土性能好，耕后地表平整，无垄沟，一次耕作即可达到一般铧式犁耕耙联合作业的效果，作业次数减少，既争得农时又降低生产成本，同时还避免因多次作业拖拉机轮胎对土壤的压实。旋耕犁以动力强制刀片做旋转运动，对土壤进行铣切加工。1GQQN－200GG 系列旋耕犁如图 2－4 所示。

图 2－4　1GQQN－200GG 型旋耕犁

1.2.3　深松机具

铧式犁在一定耕层内多年耕作，会形成十分坚硬的犁底层，影响土壤的透气、透水、保水性能。通过耕作制度的改革，实行深松少耕，可减少成本，改善土壤性能，增加作物产量。深松（又称深耕），一般指 35cm 以上的松土作业。深松作业加深了耕作层，破解坚硬的犁底层，可改善土壤结构，提高土壤蓄水保墒、抗旱耐涝的能力。深松具有使土壤孔隙增多，达到增温御寒、减缓水土流失及风蚀的作用。深松还可用于盐碱地、僵板土等的土质改良。深松机具大致可分为 2 类：

（1）平翻深松犁。平翻深松犁按其对土壤作用的效果分为全翻深松犁和上翻下松深松犁，多是机引五铧犁的变形。全翻深松犁只是加高犁柱和加大犁体、犁侧板尺寸，取消尾轮，改成三铧，最大耕深达 40cm。上翻下松深松犁是在普通铧式犁犁架上加装深松部件，主犁体耕深较小，称为浅翻深松法。全翻深松犁也是机引五铧犁的一种变形，其耕深可达

40～50cm。

（2）免翻深松犁。免翻深松犁按其对土壤作用效果可分为 2 种：

①凿型深松犁。凿型深松犁与拖拉机悬挂式连接，其结构简单，工作可靠性高，操作容易，工效高，耕深在 50cm 以上。深松的主要工作部件为凿形铲，直接装在机架上，其安装座上设有安全销，耕作中遇到较大障碍物时，安全销被切断，深松铲向后避让，从而使深松铲及机架免受损坏（图 2－5）。

图 2－5　凿型深松犁

②全方位深松犁。全方位深松犁由悬挂架、圆管梁、左右两组深松部件及限深轮等组成。采用梯形框架式工作部件进行深松，并可在松土层底部形成两条暗洞。其松土最大深度可达 50cm，工作幅宽为 1.44m。全方位深松机梯形框架式松土器由水平刀、左右侧刃及左右连接板组成。其中侧刃的刃板制成上、中、下 3 块，使用时可根据磨损情况分别更换（图 2－6）。

图 2－6　全方位深松犁

1.3 耕地作业

采用合理的耕作方法，既能保证作业质量，又能减少机组空行，提高作业效率。主攻目标是适时犁地，质量达到“深、细、透、足”四字标准。同时，耕地作业机具的准备犁耕是田间作业最基本的项目，应重视以下几个问题：第一，要选好犁，即犁和拖拉机的配套性。拖拉机的功率要使犁能达到农艺所要求的耕深；拖拉机的轮距宽和犁的工作幅宽要配合。第二，犁在使用前要认真维修、检查和调整，保证犁铧有良好的技术状态。第三，选择好犁地的适耕时间，土壤湿度如果过大，就不能顺利地耕作。一般以用手握土能成团、离地 1m 落地能散碎为适宜。第四，按耕作田块的实际宽度，选择适用的耕地行走方法，尽量减少空行和沟垄。选用机具最好选择国家和自治区支持推广目录上推荐的机具（表 2-1）。

表 2-1 常用耕地机械及性能参数

型号	结构	主要参数
1LF430-液压翻转双向犁		配套动力为 52.9～66.2kW，外形尺寸为 2 850mm×1 600mm×1 400mm，机具重量为 790kg，耕深为 250mm，耕深稳定性变异系数≤10%，植被覆盖率≥85%，碎土率≥65%，耕作速度>5km/h，入土行程≤4m，许接方式为三点悬挂
1LF-435A 液压翻转双向犁	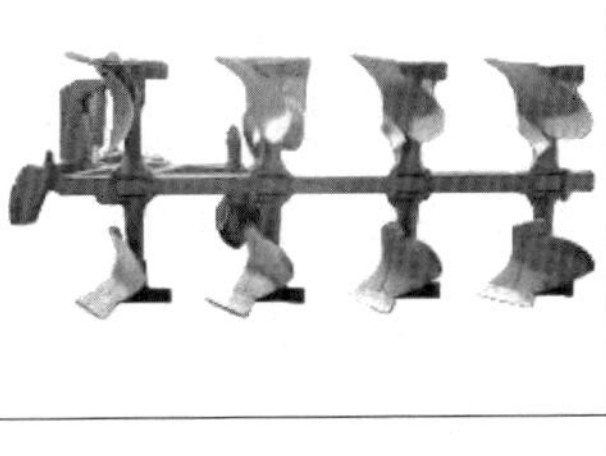	配套动力为 59～88kW，外形尺寸为 2 800mm×1 600mm×1 430mm，机具重量为 820kg，耕深为 300mm，耕深稳定性变异系数≤10%，植被覆盖率≥85%，碎土率≥65%，耕作速度>5km/h，入土行程≤4m，连接方式为三点悬挂
1LF-440 调幅式液压翻转犁	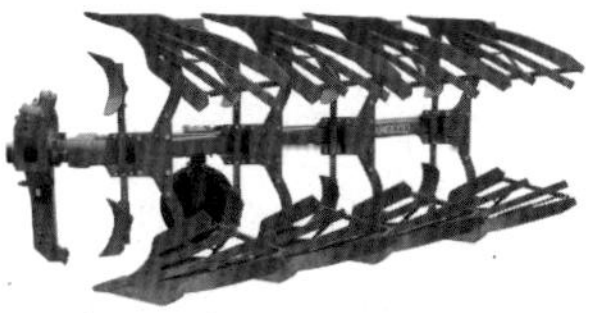	外形尺寸为 3 500mm×2 100mm×1 500mm，重量为 1 060kg，犁体数量为左右各 4 个，犁体幅宽为 400mm，耕深为 250～320mm，耕宽为 1 600～1 800mm；犁架高度为 750mm，配套动力为 120～160kW，耕深稳定性变异系数≤10%

（续）

型号	结构	主要参数
1LF-535调幅式液压翻转双向犁	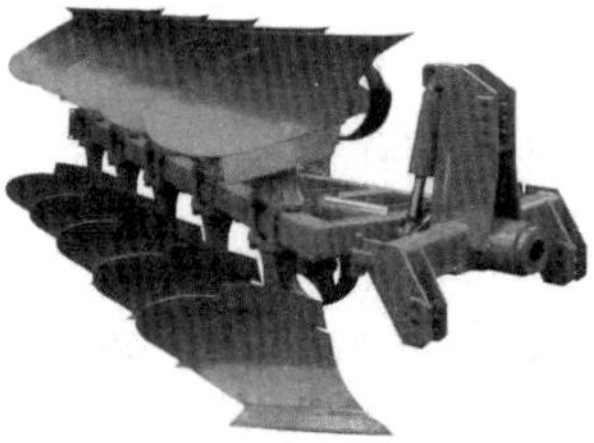	外形尺寸为4 540mm×2 130mm×1 610mm，重量为1 250kg，犁体数量为左右各5个，犁体幅宽为350mm，耕深为220～300mm，耕宽为1 500～2 000mm，犁架高度为750mm，配套动力＞121kW，耕深稳定性变异系数≤10％
1LF7液压翻转犁	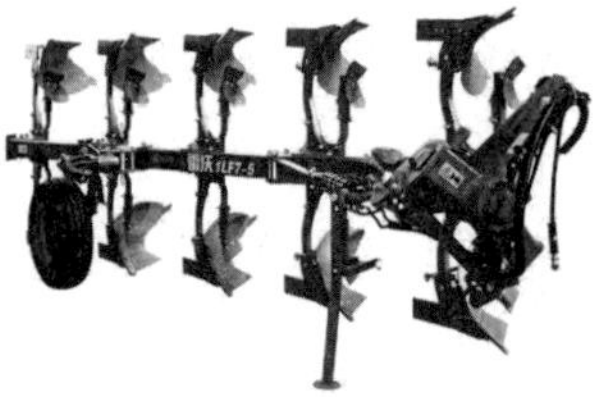	配套动力为92/125kW，耕作幅宽为1 320～2 080mm，耕深为180～350mm，外形尺寸为4 500mm×1 900mm×1 750mm，单铧工作幅宽为330mm或380mm或440mm或500mm，犁梁规格为120mm×120mm×10mm，犁梁距地高度为80cm

1.4 耕地机组的作业

1.4.1 机组作业的方法

耕地方法对保证耕地质量、提高生产率和降低燃油消耗有很大影响。在常用的耕地方法中，小块地采用内翻法或外翻法，大块条田采用内外交替耕翻法。

（1）菱形法。双向犁机组作业时，通常采用菱形法（图2-7）。在离地边一半耕幅处进入，采用内翻法，返回时拖拉机轮胎走犁沟，采用外翻法把上一趟内翻的土壤翻回原处，此后一直用外翻法进行菱形耕作。

（2）内翻法。机组从地块（小区）中心线左侧进入开始第一犁，耕到地头起犁，右转弯后到地头线处落犁，沿中心线右侧回犁，依次耕完地块，耕后地块中间形成一个闭垄台。

（3）外翻法。机组从地块右地边进入开始耕第一犁，耕到地头起犁，左转弯后到地块左地边地头线处落犁，沿左地边回犁，依次耕完完整地块，耕完后地块中间形成一个沟，地块两侧各有半个闭垄（图2-8）。

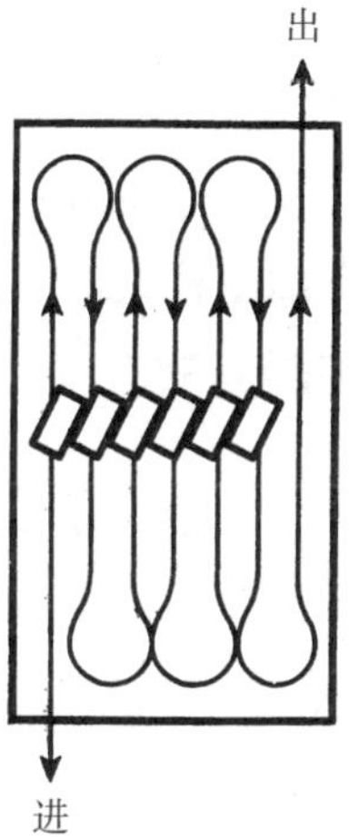

图 2-7　菱形法

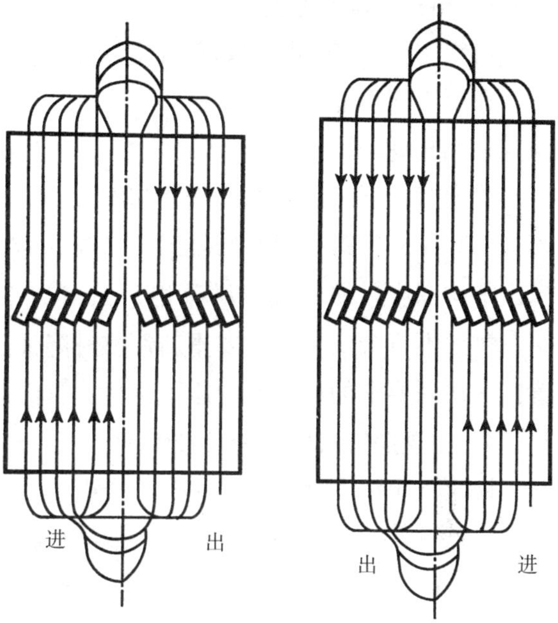

图 2-8　内翻法和外翻法

以上 3 种方法，机组在地头均有转弯环节，地头要留宽些。

（4）消灭开垄、闭垄作业法。这种作业法，可在地表比较干净的条件下采用。作业时，先在第一区中心线处外翻一圈，然后在此位置上重复内翻，把第一圈的外翻土再翻回来，正好把中央沟填平，一直到第一小区内翻结束，再用相同的方法耕第三小区。第三小区耕完，用外翻法耕第二小区。在第二小区中央有一条开垄沟，机组再用内翻法重复，直到开垄沟基本填平。这种作业方法开闭垄小，第一犁能耕到规定的深度。

（5）液压悬挂双向翻转犁作业。在离地边 1/2 耕幅处，插上开犁标杆线，机组作业第一趟沿标杆前进，采用内翻法。返回时机车轮胎走犁沟，采用外翻法，把上一趟内翻土垡翻向原处。以后一直采用外翻梭形耕作路线。悬挂犁必须边走边放，并保证犁的翻转处于死点，液压油管长度适当且密封无渗漏。当犁在翻转过程中停于死点，不要用液压硬顶，而应使翻转犁油缸处于液压浮动位置，人工推动犁架使其越过死点，再操纵分配器手柄，使犁继续翻转。双向犁的调整，要使犁架纵梁和横梁处于水平位置以保证耕深一致，可以通过调节左右螺栓和中央拉杆来实现。

1.4.2 机组试耕及耕深检查

机组进地，按小区规划和确定的作业方法进行作业。第一圈作业结束后，在第二圈作业中，要对耕深、犁的尾轮、牵引装置、机车负荷等进行检查并调整完毕。

耕地时，要求沟轮与沟墙之间有2～3cm的距离，拖拉机右链轨距沟墙5～10cm。当第二圈开始耕犁40～50m时，每隔数米要检查一次耕深，求出平均深度，如与规定耕深相差1cm以上时，要进行调整。液压五铧犁在耕深不符合要求时，要重新调整升降油缸的定位卡箍在活塞杆上的位置。在达到要求的耕深时，压下定位调整阀和相应的尾轮轴挡箍位置。

1.4.3 检查拖拉机的作业负荷情况

拖拉机应在发动机转数正常、牵引装置正确安装和达到规定耕深的条件下，以正常的工作挡进行作业。如果拖拉机经常超负荷，或经常用1挡工作时，就必须卸掉一个犁铧。拖拉机在犁耕过程中，如果达到规定深度，它的负荷仍轻时，为了充分利用马力，可换较高挡进行作业。为了保证拖拉机在各种土壤或不平的地面上有合理的负荷，必须根据不同情况机动地改变速度，但只有在能连续工作不少于100m的情况下，换成高速挡才有利于作业。

1.4.4 犁的起落及倒犁

为了保证地头整齐、耕深一致，在每个行程开始前，沟轮接近起落线时落犁。犁的升起要在最后第二铧耕到起落线时进行。悬挂双向犁作业时，若需倒车，必须将其完全提升，使其离开地面。牵引式犁必须倒犁时，应徐徐后退，防止犁的部件扭曲变形。

1.5 翻转犁的调整、使用、维护与故障排除

悬挂液压翻转犁以其高效、墒沟小、可菱式作业等特点，成为与大、中型拖拉机配套的铧式犁发展的方向，备受市场青睐。但是由于其结构比传统单向犁复杂，悬挂液压翻转犁的使用调整也较烦琐，现以市场上较普遍的型号为例对其调整与维护进行介绍。

1.5.1 翻转犁的调整

（1）犁架横向水平调整。①调整悬挂头架横梁至水平。机组停于水平

地面上，旋转拖拉机吊杆上的手柄，伸长或缩短吊杆的长度，使悬挂架横梁与地面平行。横梁距地面的高度依照具体的耕深确定，耕深越大，横梁越低。②调整犁架至水平。方法是调整犁悬挂头架上两端（有的机器在其他部位）的调整螺栓，使左右两螺栓凸出横梁的高度一致。其凸出高度值依照具体的耕深而定，耕深越大，凸出越多。通过以上调节，犁的横向水平基本上已得到保证。

（2）犁架纵向水平调整。犁架的横向水平调整完成后，就要在试耕中对犁架进行纵向水平调整。试耕中，观察犁的大架（或斜梁）是否水平，若前高后低，造成犁的大架体入土困难或耕得过浅，应缩短上拉杆，反之，应伸长上拉杆。此时应注意，纵向水平调整是完成横向水平调整后，在保证横向水平状态的前提下进行的，其调整只限于调整上拉杆。若调整下拉杆使其长度发生变化，势必造成整机犁架横向水平的破坏。此时即使犁架在一个耕作状态（如右翻）时达到了水平状态，也难以保证在另一个耕作状态（左翻）时也能处于水平状态。

（3）耕深的调整。翻转犁的额定耕深为20～30cm。如果耕深浅，调整（旋短）限深轮固定板限位支座螺栓，使限深轮向后倾斜，使犁架降低，达到增加深度的目的。如果耕深太深，超过30cm，用同样的方法，旋长支座螺栓，使限深轮向前倾斜，使犁架升高，达到耕深变浅的目的。要注意的是一侧长度调整合适后，要把另一侧的螺栓也调整到同样的长度。另外，还可以调整固定板上的左右支座，使其上下移动，调整限深轮的深浅。

（4）液压系统的调整。目前用于生产的液压翻转犁主要有两种油路类型：一种是依靠拖拉机液压输出油缸的油路系统，这种油路结构简单，但对驾驶技术要求高；另一种是带有自动液压换向机构的液压翻转犁所采用的油路，其油路来自拖拉机液压输出转阀油缸。这种油路能保证液压换向可靠，也降低了操作难度。但是，因第二种油路结构较前种油路复杂，所以对其液压系统的调整也就有了一定的要求。对该液压系统的调整关键在于对转阀换向时机进行调整。一般而言，该时机应是犁架转过90°，油缸后轴、油缸前轴和转轴处于同一平面时（即“死点”位置时）。如果换向时刻与该时机相差过多，势必使犁架停留在90°位置上不能翻转180°。调整时，一般是通过调整换向叉拨杆的位置实现。有些犁型换向叉拨杆是螺旋锁紧的，可以松动锁紧螺栓，把拨杆转动一个小角度，锁紧，再试犁的翻转性能。如还是不能翻转，就要继续调整，直到能顺利翻转为止。对于拨杆是焊合件的犁，就须用套管撬动拨叉杆进行调整。调整的方法是：如果犁架停留在“死点”位置之前，就说明是换向提前，须沿犁架翻转的相反方向调整换向叉拨杆；如果犁架停在“死点”位置之后，然后又回到90°位置，就说明换向滞后，须向犁架翻转的相同方向调整换向叉拨杆。

（5）犁铧入土难的调整。首先检查拖拉机和犁的挂接点是否过高，如果过高须降到犁铲入土合适深度，再适当缩短中央拉杆长度，以便增加犁铲入土角度。还可以将限深轮的位置向后移动，从第二根犁柱相对应的位置移到第二根犁柱与第三根犁柱之间的位置。另外，犁铧刃厚度超过3mm要进行锻打或者磨刃，否则不易入土。

（6）拖拉机耕作时易跑偏的调整。首先调整犁的挂接，使三点式悬挂位于拖拉机的正中心，并保证两升降臂与拖拉机大轮胎内侧尺寸一致。其次调整犁架上各犁柱的间距，达到要求的统一尺寸。另外，可检查拖拉机的后轮胎内侧尺寸与前轮胎内侧尺寸是否一致，如果有偏差，可调整前轮胎内侧尺寸，使其达到一致，可减轻耕作时跑偏现象。

1.5.2 翻转犁使用的注意事项

耕地时，为了安全生产，避免发生事故，应遵守下列各项内容：

（1）耕地机组人员必须熟悉犁的结构，掌握调整与保养技能，严格执行安全操作规程。

（2）启动前应发出警示信号，确认周边人员安全后，平稳启动机组。

（3）机组在行进时，不允许调整犁具工作参数、紧固零部件和清理犁体附着物。

（4）更换犁铧、检修犁体与拖拉机连接部件或清理传动系统故障时，必须停机并切断动力。悬挂犁升起，再将犁支垫牢靠且液压油缸锁定后方可在犁下方工作。

（5）犁耕时，机架和犁后的牵引农具上严禁站人。

（6）夜间作业时，应配备可靠的照明设备：主照明系统（照度≥500lux）辅助警示灯、应急照明设备。

（7）长距离转移机组前，调整犁具至最大运输间隙，犁架上不得放沉重物品或坐人。悬挂犁要升至最高位置并锁定，再将下拉杆左右限位拉链拉紧。运行时不要高速行驶或转急弯。

（8）过沟、过埂时，必须降低行驶速度，以减小机组振动。

1.5.3 翻转犁的维护与保养

（1）班保养。每班工作后应清除犁体、犁刀和限深轮上的泥土和杂草。紧固各部螺栓。检查升降机构和耕深调节机构的灵活性及行程范围。更换变形零件。向各转动部分加注润滑油。检查安全销状态（磨损及变形情况）。检查油缸和油管是否漏油。

（2）定期保养。一般工作 80～100 小时，除班保养内容外，还要做定期保养。主要检查犁铧前、后壁，犁侧板等易损件的磨损情况，及时更换超限部件。检查牵引犁起落机构的磨损情况。

（3）季度保养。每耕作季度结束后，应将圆犁刀、限深轮、耕宽调节器丝杆和轴承等零部件拆解清洗。全面检查犁的技术状态，换修磨损或变形零件。向各润滑部位加注润滑油。在犁体、小前犁和圆犁刀等部件的工作表面及丝杆上涂防锈油，存放在安全、干燥、不积水的机库中，犁轮和犁体要垫起并保持水平。

1.5.4 翻转犁故障检查与排除

机械式翻转犁最常见故障是翻转机构不能正常工作，犁体无法翻转，针对此问题应做以下检查和调整：检查犁体吊钩是否能够与连杆座分离，如不能分离，应将限位螺栓调整到适当位置，如还不能分离，则应将连杆长度加长，以保证吊钩与连杆座及时分离。

1.6 旋耕机的调整、使用、维护与故障排除

旋耕机是一种由拖拉机动力输出轴直接驱动的土壤耕整机具。其切土、碎土能力强，一次作业能达到犁耙联合作业效果。耕后地表平整、松软，能满足精耕细作要求，且能抢农时，节省劳力。该机具按与拖拉机的适配类型分为手扶拖拉机配套旋耕机和轮式拖拉机配套旋耕机两大类。与传统的犁耕和耙耕作业相比，旋耕作业具有碎土性能好、适应性广、作业效率高等优点。在我国无论水田、旱田，旋耕机的应用非常广泛。

1.6.1 旋耕机的调整[①]

（1）横向水平校准。将旋耕机提升至刀轴离地状态，使用水平仪检测左右刀轴端点的高度差（允许偏差≤15mm）。通过同步调节左右提升杆长度实现横向水平校准，禁止仅调节单侧提升杆。

（2）纵向水平校准。将旋耕机下降至目标耕深（一般旱田 12～15cm，水田 10～12cm），调节中央拉杆长度使中间传动箱输入轴与拖拉机动力输出轴保持平行（夹角≤3°）。使用角度仪进行精确校准。

（3）提升高度设定。万向节最大允许倾斜角度为 30°（从垂直平面测量）。转弯提升时，刀尖离地高度应≥30cm 以避免机具碰撞。通过限位链固定液压提升系统的最大提升位置。

（4）碎土参数调节。通过变速箱挡位控制前进速度（旱田作业建议 2～3km/h，水田作业建议 1.5～2.5km/h）。带双速变速箱机型可切换刀轴转速（高速挡 250～300r/min 用于细碎作业，低速挡 180～220r/min 用于深松作业）。

（5）耕深控制系统。与有力调节和位调节液压系统的拖拉机配套时，必须使用位调节模式，以免损坏旋耕机。达到设定耕深后，通过定位销锁定液压提升手柄，同时调节耕深限位杆使刀尖入土深度误差≤1cm。

1.6.2 旋耕机的使用

使用旋耕机应注意以下几点：

（1）使用前应检查各部件，尤其要检查旋耕刀是否装反、固定螺栓及万向节锁销是否牢靠，发现问题要及时处理，确认稳妥后方可使用。

（2）拖拉机启动前，应将旋耕机离合器手柄拨到分离位置。

（3）要在提升状态下接合动力，待旋耕机达到预定转速后，机组方可起步，并将旋耕机缓慢降下，使旋耕刀入土。严禁在旋耕刀入土情况下直接起步，以防旋耕刀及相关部件损坏。严禁急速下降旋耕机，旋耕刀入土后严禁倒退和转弯。

（4）地头转弯未切断动力时，旋耕机不得提升过高，万向节两端传动角度不得超过 30°，同时应适当降低发动机转速。转移地块或远距离行走

---

① 资料来源：JB/T 5113—2017《旋耕机》、NY/T 1776—2009《旋耕机作业质量》。

时，应将旋耕机动力切断，并升到最高位置后锁定。

（5）旋耕机运转时，旋转刀具周围 1.5m 范围内严禁无关人员停留。机组后方 5m 内禁止人员跟进，以防刀片击碎硬物，飞溅造成伤害。①

（6）检查旋耕机时，必须先切断动力。更换刀片等旋转零件时，必须将拖拉机熄火。

（7）耕作时前进的速度，旱田以 2～3km/h 为宜。在已耕翻或耙过的地里以 5～7km/h 为宜，在水田中耕作可适当快些。速度不可过高，以防止拖拉机超负荷而损坏动力输出轴。

（8）旋耕机工作时，应保持拖拉机驱动轮始终位于未耕区域，避免土壤压实。通过调整拖拉机轮距，使驱动轮轨迹与旋耕刀作业幅形成合理重叠。作业时要注意行走方法，防止拖拉机另一侧驱动轮压实已耕地。

（9）作业中，当刀轴缠草缠绕厚度超过 5cm 时，应立即停机清理。清理时应使用专用工具，禁止徒手操作。清理完毕需空载试运转 3min，确认无异响后方可恢复作业。②

（10）作业期间，拖拉机驾驶室外和悬挂装置上禁止载人，以防不慎被卷入造成伤害。

（11）使用手扶拖拉机旋耕机组时，只有副变速杆在“慢”挡时，才能挂旋耕挡。倒车操作前，必须将副变速杆置于空挡处再切换倒挡。旋耕中尽量不使用转向离合器，优先使用推拉扶手架转向。地头转弯时，应先减小油门，托起扶手架，再捏转向离合器，禁止转急弯，以防损坏零部件。

1.6.3　旋耕机的作业方法

一般在地块不大时，采用梭形法、回形法作业，在地块较大时，可将地块分成小区，采用套耕法作业。

（1）平耕。在大田耕作时，为减少地头空行时间，宜采用小区套耕法提高工效。小区的宽度尽可能接近耕幅的整数倍，但不能太宽，否则会造成地头空行时间长、工效低。一般小区宽度取 15m 左右（图 2-9）。

（2）开沟筑畦的耕作方法。一般从田中间左、右回转向外耕作，即外翻法。将田分为数个小区外翻，则可实现筑畦耕作（图 2-10）。

---

①② 资料来源：GB 10395.1—2009《农林机械安全》。

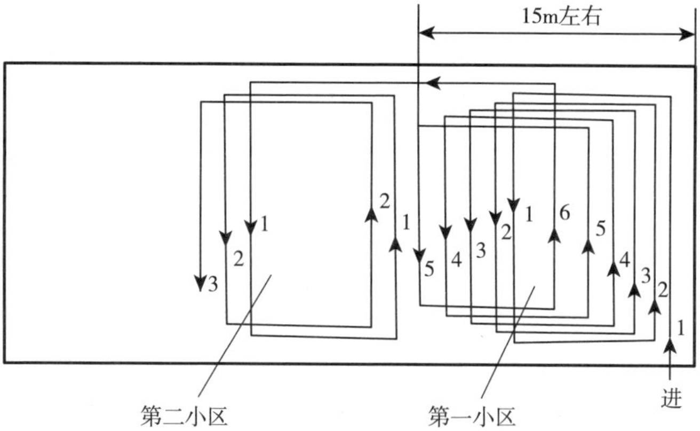

图 2－9　小区套耕法

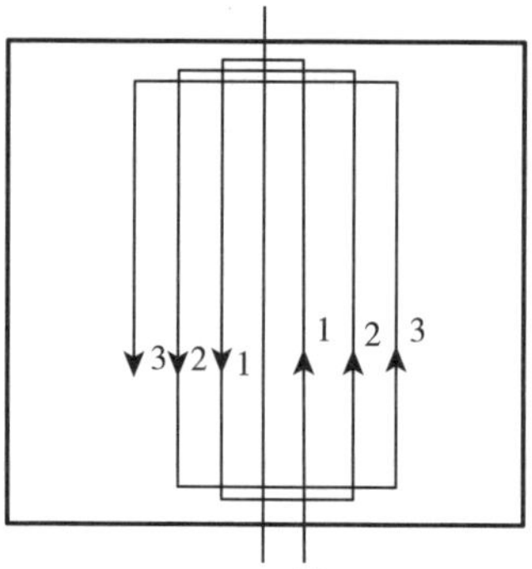

图 2－10　外翻法

1.6.4　旋耕机的维护与保养

正确地进行维护保养，是保证旋耕机正常运转、高工效、长寿命的重要措施，旋耕机的保养分为班保养、季度保养。

（1）班保养。旋耕机每工作 10h（或按厂家说明书规定的班次间隔），一般就要进行班保养，保养内容包括：

①按说明书要求复紧所有连接螺栓。

②检查安全销、开口销等易损件有无缺损，必要时立即更换。

③检查传动箱、十字节和轴承是否缺油，必要时立即补充。

（2）季度保养。每个耕作季度结束后应进行季度保养，内容包括：

①彻底清除机具上的泥尘，油污。

②彻底更换润滑油、润滑脂。

③检查刀片是否过度磨损，必要时换新。

④检查机罩、拖板等有无变形，恢复其原形或换新。

⑤全面检查机具的外观，补刷油漆，在弯刀、花键轴上涂油防锈。

⑥长期不使用时，轮式拖拉机配套旋耕机应卸载至水平硬质地面，不得长时间悬挂在拖拉机上，以免造成连接部件变形。

1.6.5　旋耕机安全使用的注意事项①

(1) 使用前必须仔细阅读产品说明书和机具上的安全标志，对机具的潜在危险要做到心中有数，严格按照操作要点规范作业，避免安全事故发生。

(2) 每次作业前应检查旋耕机的传动箱油位（需加注至规定油位）、轴承润滑状态（应充满锂基润滑脂）及连接螺栓紧固程度（按扭矩表复紧）。作业中如出现异响，应立即停机排查。

(3) 万向节工作夹角应≤10°，地头转弯时夹角应≤15°。长距离运输时应拆除万向节并妥善存放。

(4) 严禁在刀片入土状态下接合动力输出轴，严禁突然加大耕深，防止传动系统过载损坏。

(5) 地头转弯前需提升机具刀片，禁止带负荷转向。

(6) 倒车离地≥30cm，严禁带负荷倒车。

(7) 作业期间禁止人员进入拖拉机驾驶室外及悬挂装置区域，以防跌入旋耕机内造成人员伤亡。

(8) 机具运转时，非操作人员应保持 3m 以上安全距离。

(9) 手扶拖拉机配套旋耕机陷车时，必须熄火后再采取牵引措施。跨越田埂等障碍时，应熄火后人工抬移。

(10) 检查或更换旋耕机万向节、刀片等旋转部件前，必须切断拖拉机动力输出并锁定液压系统，确保设备完全停止运转。

1.6.6　旋耕机的常见故障与排除

(1) 故障原因。

①采用牙嵌式离合器的旋耕机，因长期使用导致啮合齿齿顶磨损变

① 资料来源：GB 10395.1—2009《农林机械安全》、JB/T 5113—2017《旋耕机》。

钝，丧失自锁功能，在作业时易发生脱挡现象。

②啮合套定位弹簧弹力不足或断裂，导致啮合套在负载振动下产生轴向位移而脱挡。

③啮合套的定向钢球槽轴向磨损大，机组在工作过程中钢球产生轴向游动，使啮合齿脱开。

④拨挡槽和操纵杆球头磨损过度，导致换挡后啮合齿有效接触宽度不足，遇负荷变化或颠簸时易脱挡。

（2）旋耕机脱挡故障的排除方法。

①当离合器啮合齿磨损严重时，应及时修复或更换。修复时可用碳钢焊条堆焊啮合齿，再用标准齿压痕进行焊后修整，并按规定进行热处理。

②更换符合技术参数的定位弹簧，确保啮合套定位可靠。

③定位钢球磨损超差时，应进行修补加工或更换新件。

④拨挡槽和操纵杆球头磨损过度时可焊修，经手工修整后进行热处理，无法修复时更换新件。

1.7 耕地作业中应注意的事项

（1）耕地作业时，应使犁的耕幅与拖拉机轮距相匹配，避免偏牵引导致沟墙坍塌。

（2）对高秆绿肥作物进行整株翻压时，除摘去小铧外，可在每个主犁体前加装直径为60cm的圆犁刀，确保翻压前切断作物茎秆。

（3）除耕翻绿肥、秸秆还田作业中，一般应尽可能采用复式犁耕翻土地。这样做，可以提高作业质量，有利于消灭田间杂草和病虫害，减少土壤空隙，促进作物生长，并可使翻垡稳定，耕后地表平整。

（4）在条件适宜和不需要晒垡的情况下，优先采用耕耙联合作业。常组合形式包括：犁＋钉齿耙（秋翻、春翻，地下水位较低可用），犁＋环形镇压器（春翻，地下水位较低可用），犁＋钉齿耙＋耱子＋木磙（沙性土适用）。

（5）在耕地作业开始前，驾驶员需首先犁出起落线，日班驾驶员要为夜班作业划定首趟路线，并预留障碍物较少的作业区域。

（6）机组人员需要提前掌握地块情况，包括障碍物分布、土壤类型、墒度等关键参数，确保作业安全高效。

1.8 耕地作业质量检查验收规范

（1）耕深检查。每班作业人员要检查耕深2～3次，每次在地头、地中均匀布点5～6个，耕深平均值应与规定值相差应≤±5%[①]。全田耕深验收时，应沿地块对角线等距选取10个以上测点，按算术平均值计算实际耕深；耕后平地和镇压作业的耕深验收，按90%置信度计算允许误差。测量时需将测量尺垂直插入耕作层底部，刮平地表浮土后读取数据。

（2）垡片翻转质量检查。检查杂草、残株、肥料的覆盖度、漏耕率、立垡率。同时按技术要求，检查开垄、闭垄的处理情况。对于机组工作中存在的质量问题，一经发现必须立即纠正。

（3）地头、地边耕地质量检查。主要检查地头地边是否耕完、耕齐，地角尽量耕到。

1.9 耕地作业安全技术要求

（1）对农具操作员的要求。耕地作业前，应对机车组全体人员进行安全教育。农具操作员必须熟悉犁的构造、调整、使用、保养和安全规程，经培训考核合格后方可上岗操作。

（2）机组起步规范。拖拉机起步前，驾驶人员应与农具操作员确认通信畅通，待确认安全后，鸣笛示意方可起步。

（3）犁具调整及故障排除。作业中仅允许进行耕深和水平调节，禁止进行其他机械调整。更换犁铲或紧固螺栓必须在发动机熄火且动力切断状态下进行。清除犁体附着物时应在停机后使用专用工具处理。犁具堵塞时，农具操作员应立即发出停机信号。

（4）夜间作业要求。夜间耕地需配备足够的照明设备（符合GB 10395.1—2009的要求、光照度≥50lux）。机组人员要熟悉地形及障碍分布，设置警示标志。

（5）人身防护要求。在粉尘环境作业时，机组人员应佩戴防尘口罩及护目镜。能见度低于50m时，应暂停作业并开启警示灯。

---

① 资料来源：GB/T 16714—2021《农业机械安全　拖拉机安全要求》。

2 整地机械

土壤经过犁耕后，其破碎程度、紧密程度及地表平整状态远不能满足播种作业的技术要求。整地必须贯彻精耕细作的原则，为播种创造良好的条件，从而有利于农作物的种子发芽和出苗整齐，有利于作物根系的生长。整地作业要根据本地区的土壤情况、气候条件、种植作物、机具设备等不同要求，因地制宜地进行。应以最少的作业层次，在适宜的农时内，达到播种前土地平整的标准。在整地机械作业中，应采用复式和宽幅作业，尽量减少拖拉机对土壤的反复压实。整地作业包括耙地、平地和镇压等作业项目。

2.1 整地作业农业技术要求

（1）整地要达到“墒、平、碎、松、齐、净”六字标准。

（2）整地要疏松表土，切断毛细管，以达到蓄水保墒、防止返盐的目的。

（3）整地要消除大土块和土块架空现象，使土壤细碎，以利于种子发芽和作物根系生长。

（4）表面肥料要覆盖良好，杂草要彻底清除。

（5）在保证整地质量的情况下，尽可能采用复式作业。

2.2 整地作业对机具的要求

（1）有良好的切碎土块、粉碎作物残茬和秸秆的性能。整地后能使地表形成疏松的表层和适宜的紧密度，起到保墒和防止返盐的作用。

（2）能有效地平整地面。

（3）有一定的翻土和混土能力，用以覆盖秸秆、残茬、肥料和清除杂草。

2.3 整地机械

常用的整地机械有圆盘耙、缺口圆盘耙、钉齿耙、耢（耱）、镇压器和联合整地机等。①

---

① 资料来源：GB/T 10395.1—2022《农业机械分类》。

2.3.1 圆盘耙

圆盘耙主要用于耕后碎土和播前松土除草，也用于收获后的浅耕灭茬作业。圆盘耙按耙组的排列可分为单列耙和双列耙，按配置形式可分为对置式和偏置式（图 2－11）。

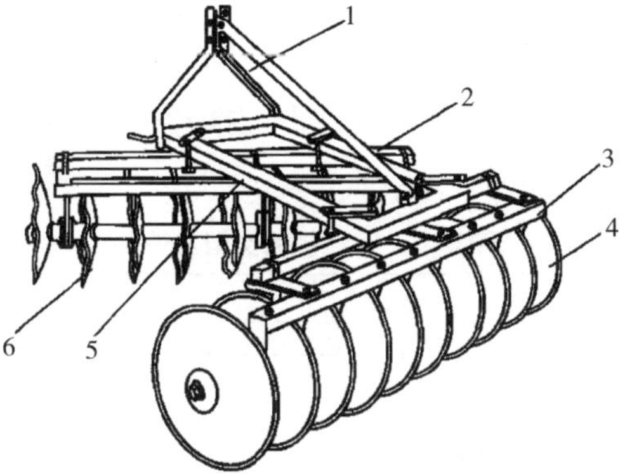

图 2－11　圆盘耙

1. 悬挂架　2、3. 耙架组合　4. 后耙组　5. 连接机架　6. 前耙组

2.3.2 联合整地机

联合整地机是将多种整地工作部件组合在一起，一次完成松土、碎土、平整和镇压等工序。联合整地作业质量好、效率高，相当于常规耙地机具 3～4 次的作业效果，目前广泛用于农田整地作业。联合整地机一般由机架、牵引架、圆盘耙组、平土板、碎土辊、调平装置、行走机构等部件组成（图 2－12）。

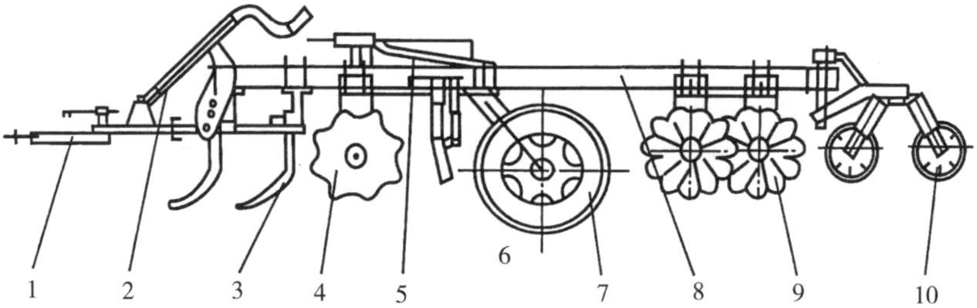

图 2－12　联合整地机

1. 牵引架　2. 拉杆　3. 松土机　4. 星盘　5. 油缸　6. 平土板
7. 运输轮　8. 机架　9. 波纹盘　10. 碎土辊

机组作业时，前面的圆盘耙组进行松土和碎土作业，随后平土板平整地表，同时进一步压碎土块，疏松土壤，最后两列交叉配置的碎土辊，对土块再一次进行破碎并适度压实。同时，被抛起的小土块和细土粒落在地表，形成上虚下实的理想种床，从而利于保墒。

2.4 整地机具的选用

选用国家和自治区支持推广目录上的推荐机具，如表 2 - 2、表 2 - 3、表 2 - 4 所示。

表 2 - 2 圆盘耙的类型及性能

型号	结构	性能参数
1BQX - 1.1～2.3 型缺口圆盘耙		外形尺寸为 2 650mm×2 450mm×1 280mm，整机重量为 350kg，生产率为≥1.5hm²/h，配套动力为 12～65hp，耙深为80～140mm
1BZ - 2.2 型液压缺口圆盘耙		外形尺寸为 5 000mm×2 300mm×1 300mm，整机重量为 1 050kg，生产率为≥1.3hm²/h，配套动力为 70～80hp，耙深为 180～200mm，碎土率≥98%
1BJB - 5 型圆盘耙		外形尺寸为 8 000mm×5 500mm×2 000mm，整机重量为 5 390kg，生产率为 5.0hm²/h，配套动力≥154kW，耙深≥140mm
1BYQ - 2.6 型缺口圆盘耙		外形尺寸为 4 800mm×3 340mm×1 360mm，整机重量为 1 000kg，生产率≥0.67hm²/h，配套动力为 70～90hp，耙深为 160mm

表 2-3　联合整地机的类型及性能

型号	结构	性能参数
1ZL-7.0 型联合整地机		配套动力≥132kW，外形尺寸为 6 635mm×3 400mm×3 150mm，工作幅宽为7 000mm，整地深度≤120mm，碎土率≥80%，整机重量为 5 200kg，工作部件配置为缺口、全刃圆盘耙片、钉齿、碎土辊、镇压轮
1SZL-200 联合整地机		配套动力为 66.2～73.5kW，外形尺寸为 1 610mm×2 280mm×1 220mm，作业速度为 2.5～5km/h，工作幅宽为 2 000mm，整地深度为 80～160mm，构型为灭茬、深松、旋耕
1GSMQL-330 旋耕深松灭茬起垄联合整地机		配套动力为 117～147kW，外形尺寸为 1 720mm×3 640mm×1 400mm，工作幅宽为3 300mm，整地深度≥80mm，碎土率≥75%，整机重量 2 360kg，一次作业可完成灭茬、深松、旋耕、起垄、镇压、整形及沟槽松土多项农艺

表 2-4　动力驱动耙的类型及性能

型号	结构	性能参数
1BQ-3 型动力驱动耙		配套动力为 75～100kW，外形尺寸为 1 600mm×3 300mm×1 230mm，工作幅宽为3 000 mm，耙深为 198mm，碎土率≥75%，整机重量 1 300kg
1BX-4.2 型动力驱动耙	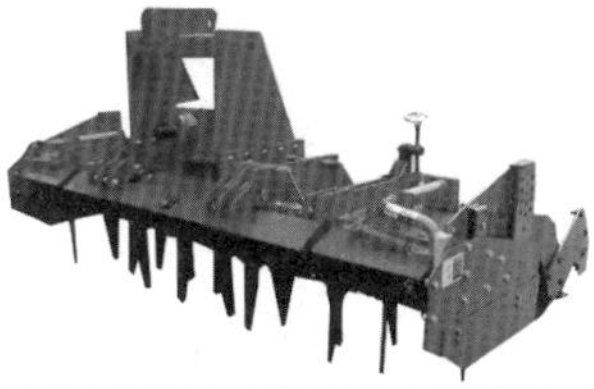	配套动力为 160～250hp，外形尺寸为 1 520mm×4 300mm×1 220mm，工作幅宽为4 000mm，耙深为 30～180mm，离地最小距离≥300mm，整机重量 1 900kg
1BD-3 型动力驱动耙		配套动力为 64～130kW，外形尺寸为 1 500mm×3 100mm×1 200mm，工作幅宽为3 000mm，耙深为 165mm，整机配置形式为耙刀组、镇压辊

2.5 田间准备

（1）清除田间障碍物，如作物秸秆、树根、石块、土坑等，对一时无法清除的障碍物，需设置明显标志。

（2）若采用斜耙法作业，需在机组第一趟运行线上预先插设标杆。

2.6 耙地作业

2.6.1 适时耙地

必须严格掌握土壤的适耙期，还应根据耙地的目的来确定。

（1）准备灭茬的地块，应在前作物收割的同时耙地（在联合收割机后面配套灭茬耙进行复式作业），或在收割后立即耙地，以达到清除作物残茬、杂草，保蓄土壤水分的目的。

（2）春翻地（春旱地区）应采用翻耙复式作业，以防跑墒。

（3）地势低洼易涝和黏质土壤地块，需进行晒垡、冻垡和散墒，耕翻后可以不耙或仅进行浅耙。

（4）春季在秋耕过的土地上播种春麦或早春作物，应在土壤表层开始化冻时立即顶凌耙地，以减少土壤水分蒸发，疏松土壤，提高地温，平整土地。

（5）黏质土壤湿度大或雨后耙地，需在土壤含水量适宜时进行。过早耙地易导致土壤结块，干后形成硬块；过晚耙地会增加土壤水分损失，土块坚硬不易破碎。为保墒可采取分区作业方式。

（6）水稻倒茬地（翌年种早春作物）耕翻后若土壤较干，需适时进行多次耙地，避免冬季土壤冻结影响整地质量。

2.6.2 耙地方法

有横耙、纵耙和斜耙三种，如图 2-13、图 2-14 所示。应根据地块大小、形状、土壤质地、播种方向等，确定耙地的方法。如多年熟地及土质疏松、平坦的地块，可用横耙。生荒地及土质黏重、土块较大的地块，第一遍最好纵耙，以免翻转土垡和机车行走困难。

2.6.3 作业时的注意事项

（1）进地耙过第一圈以后，需及时检查作业质量，查看耙的深度是否一致、是否符合要求、碎土效果是否达标等，出现不符合质量要求的情况要立即调整机具参数。

(2) 驾驶员应灵活控制前进速度，保持直线行驶，相邻作业幅宽重叠不宜过大，转弯时需降低速度并保持较大转弯半径，特别注意防止转弯处漏耙。

(3) 耕翻后针对松软土壤进行第一遍耙地时，作业速度不宜过快，否则易造成动力机械（机车）和作业机具（农具）损坏。

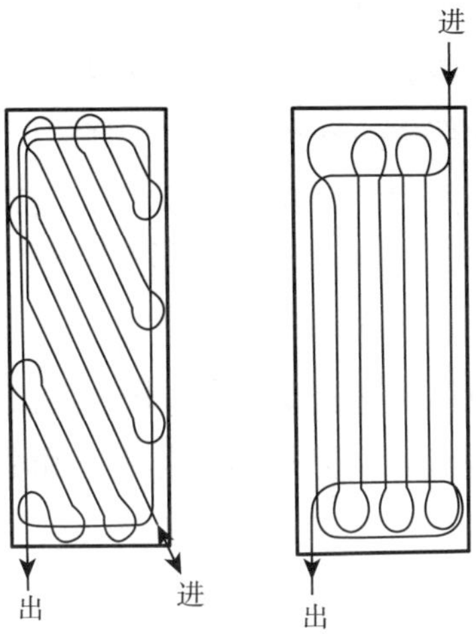

(a) 斜耙法　(b) 纵耙法

图 2－13　菱形单遍斜耙法和纵耙法

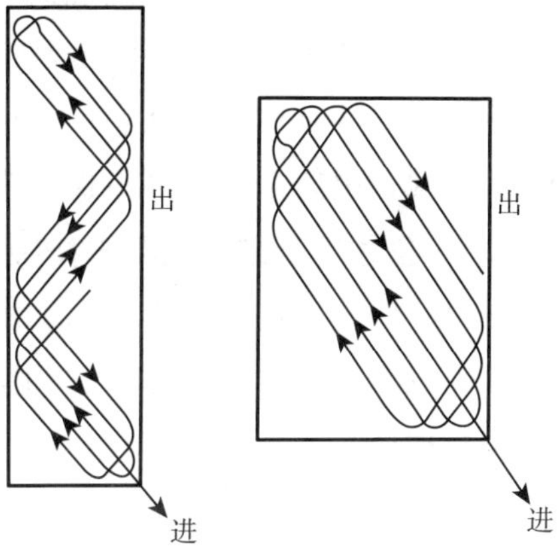

(a) 三区对角　(b) 单区对角

图 2－14　三区和单区对角斜耙法

2.7　整地机具作业时注意事项、保养与故障排除

2.7.1　整地机具使用要求

(1) 要经常检查机具上紧固部件的紧固情况和各工作部件转动灵活度。

(2) 在作业过程中，工作速度为 6km/h 左右。

(3) 在地头转弯时，转弯半径不宜过小，否则易损坏碎土器、镇压轮等工作部件。

(4) 应及时清理碎土器、镇压轮上附着的泥土及缠绕的秸秆、杂草、残膜等杂物。

(5) 由于机具宽度较大，在运输过程中，应注意道路状况，尽量升高机具，防止损坏。

(6) 机具应按时进行保养，发现问题及时进行维护修理。

2.7.2 整地机具的保养

（1）每工作2～3小时后，检查螺栓和螺母是否紧固。

（2）每班工作完后，检查各部位紧固件的情况，发现松动立即紧固。同时检查工作部件有无变形或损坏，及时进行校正或更换。

（3）行走轮转轴轴承每2班加注1次润滑脂，耙组轴承每班加1次润滑脂。

（4）行走轮气压应保持在规定范围内，不足时及时充气。

（5）液压系统若出现漏油或渗油现象，需立即查找原因并修复。

（6）作业季结束后，需清洗润滑各转动部位的轴承及螺栓，释放所有弹簧部件，使其成自由状态；全面检查机器的磨损、变形、损坏及零部件缺失情况，提前采购配件以保障次年作业。

2.7.3 整地机具常见故障与排除方法

（1）作业后地表过于粗糙。主要原因包括前进速度太快，作物残留物过长，没有横挡杆。排除方法为降低前进速度，清除或粉碎作物残留物，安装横挡杆，尤其是后挡杆。

（2）作业后地表过细。主要原因为前进速度太慢。排除方法为提高前进速度。

（3）耙片粘土严重。主要原因包括土壤湿度太大，刮土刀与耙片凹面间隙过大。排除方法为晾晒土地，调整刮土刀与耙片的间隙。

（4）机具前后耙深不一致。主要原因是机架前低后高。排除方法为调节机具前端的悬挂丝杆，使机架平行于地面。

2.8 整地作业质量的检查验收

（1）整地机组的第一趟作业后，应检查作业质量是否达到要求，发现问题应立即调整机具参数。

（2）整地作业不得出现漏平、漏耙、漏压、漏耱现象，接幅重叠量不宜过大。

（3）开渠、打埂尺寸应符合《高标准农田建设标准》（GB/T 30600—2024）的要求。

（4）地边、地角应无漏耙、漏压现象。

（5）质量检查应由生产组长、农机技术员、机车驾驶员共同参加，逐地块检查验收。

2.9　整地作业的安全技术要求

（1）参加整地作业的人员，必须熟悉整地机具的构造、调整、使用、保养和安全技术。

（2）机车开动前，拖拉机手一定要向农具手发出信号。

（3）除需人操作的大型平地机外，其他整地机械不允许坐人。

（4）整地机械的调整、保养，清除杂草、泥土等，必须停车后才能进行。

（5）机具夜间作业，必须配备充足的照明设备。

（6）机具转移通过居民点时，应减速行驶，必要时由机组人员护送。

3　平地机械

新疆为灌溉地区，土地平整不仅可以保苗全，夺高产，还可以节约用水、灌水均匀并节省浇水的劳力。平地有工程性平地和常规平地。工程性平地一般每隔 3～4 年进行一次，目的是在大范围内消除因开渠、平渠、犁地、漏耕等造成的地表不平现象。一般高差在 20cm 以内的地块，要求把高处的土方移填到低处，并在大范围拉平。常规性平地作业有两种，一种是局部平地，主要是在犁地后平整垄沟、垄台、转弯地头和地边地角等。另一种是播种前全面平地，以消除整地作业时所形成的小范围不平地面，同时也起到碎土和镇压作用。

3.1　平地作业的农业技术要求

（1）适时平地，使土壤保持适当的紧实度。

（2）消除因耕作造成的垄沟、渠埂等凹凸不平现象。平后的垄沟、渠埂等不应高出地面 8～10cm。平垄台作业时，刮土板边端不应在地面留有高于 5cm 的土埂。

（3）播前平地要求地面达到平整细碎。

（4）工程性平地，应在一定范围内使地面平整，并保持适宜的自然坡降。平地后地面平整度误差应小于 5cm。

3.2 传统平地机械

平地机械属于农田基本建设机械，一般包括推土机、铲运机、装载机。工程性平地一般以铲运机和刮板式平地机配合作业，常规性平地以刮板式平地机为主进行作业（图 2－15）。平地机特点：铲刀的深浅、水平角度、侧向倾角均可调，机架跨度大，具有较好的地面仿形能力。平地机根据与拖拉机的连接形式可分为悬挂式、半悬挂式和牵引式三种类型。平地机的主要用途是平整土地，是一种起高垫低、细平田地的机械。

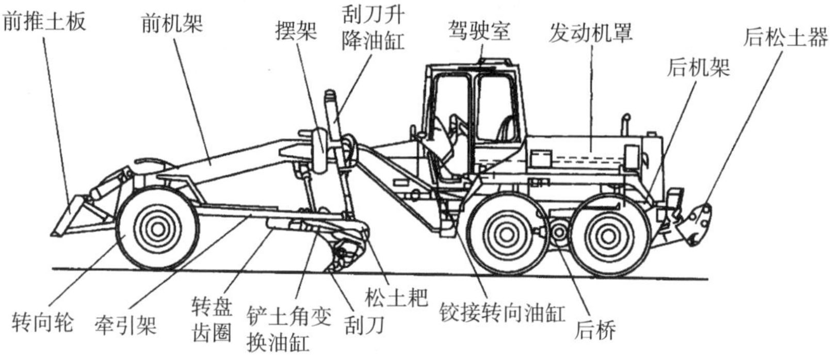

图 2－15　平地机结构示意

牵引式平地机机身较长，作业中由农机手操作，可随地形调整，避免出现拖堆等现象，作业质量较好。自行式平地机结构简单，机动性强，适于小块地作业和水稻田格田平整（图 2－16）。

（a）牵引式平地机

（b）自行式平地机

图 2－16　常用平地机种类

3.3　激光平地机械

3.3.1　技术背景

激光平地技术自 20 世纪 80 年代开始在欧美发达国家广泛应用于农业生产整地技术中。20 世纪 90 年代初开始在新疆农业生产中推广应用该技术，实践表明利用该技术在农业平田整地节水灌溉中效果极为显著。

激光平地技术是通过激光发射器、激光接收器、平地机等设备，将光、电、液压、机械系统有效结合，实现高效率、高质量平整土地的先进技术，是目前世界上最先进的土地平整技术（图 2－17）。

图 2－17　天宝伟业激光平地机

3.3.2　工作原理

激光发射器发射出极细的能旋转 360°的激光束，在作业地块的设定高度上形成一个光平面，此光平面就是平地机组作业时平整土地的基准平面，该光平面可以呈水平，也可以与水平呈一定倾角（用于坡地平整作业）。激光接收器安装在平地铲上方的桅杆上，当接收器检测到激光信号后，持续向控制器发送电子信号，控制器收到标高变化的电子信号后，进行自动修正，修正后的电子信号控制液压控制阀，以调整液压油输向油缸的流向与流量，自动控制平地铲的高度，最终达到精密平整土地的目的。激光有效跟踪半径为 200m，适用于高差小于 15cm 的地块作业，精平精度±2cm，粗平精度±4cm，激光发射器转速为 300～600r/min。

3.3.3 具体操作步骤

（1）把控制器与机载接收器及电磁阀连接起来。

（2）连接控制器电源线并接通电源。

（3）按照使用说明书设置发射器基准参数。

（4）打开控制器电源开关。

（5）将拖拉机停靠在田块中高度适宜的位置（通过目视判断），一般选择地块中央。

（6）调整机载接收器的高度，通过控制器指示灯判断，以中间绿灯亮起为最佳状态。

（7）将自动/手动开关调为自动，开始平地。如果激光平地铲入土深度不足，需将机载激光接收器向上调整一定高度，此时平地铲刃会自动下降并持续作业。地块落差较大时，需要分阶段提升机载激光接收器。也可通过三脚架升降旋钮调整发射器高度。操作时须注意切勿锁定发射器。

3.3.4 使用及安全注意事项

（1）使用注意事项。

①激光平地机起步前，应确认作业区域无障碍物，并检查激光平地机和配套动力设备周边是否有人。

②激光平地机行走时严禁人员上下，发动机运转期间禁止进入机具底部检查或修理。

③应根据不同作业工况合理选用动力设备，避免影响作业效率或造成机具损坏。

④当液压管路发生泄露时，切勿用手直接接触高压油液，应用专用工具检测泄露点。

⑤激光发射器对人眼存在潜在危害，虽对皮肤无热损伤，但直视光束可能导致暂时性视觉模糊（暴露阈值≤0.25 秒）。设备架设高度应高于人体，操作时避免直视激光光源。

（2）安全注意事项。

①操作人员应认真阅读使用说明书，熟悉机具性能、构造、调整、保养等内容后，方可进行操作。

②拖拉机挂接平地机时，应使用低速挡，密切观察后方，防止碰伤辅

助人员。

③对机具进行调整、保养等作业时，必须在停车熄火后进行。

④平地机升起后，严禁进入机具下方检查、调整、维修，必要时需使用专用支撑装置。

3.4　卫星平地机械

3.4.1　技术背景

全球卫星导航系统（Global Navigation Satellite System，GNSS）发展逐渐成熟，应用领域不断扩展。在平地机械应用方面，GNSS 控制平地技术具有更强的适应性，能够适用于各种地形，且不受雾霾、暴雨、大风等不利天气因素的影响。不仅如此，GNSS 系统还可以同时获取控制目标的高度与倾角信息，对降低系统复杂程度、提升机具的平地效果和适用性有重要作用。目前 GNSS 平地机也是平地机械中最主流的设备（图 2－18）。

图 2－18　卫星平地机

3.4.2　工作原理

卫星平地机的原理是通过 GNSS 卫星发射定位信号，建立作业区域的三维坐标基准。安装在铲运机构伸缩杆顶端的卫星接收机，实时获取基准站差分信号后，将高程数据以 10Hz 频率传输至控制器。控制器通过卡尔曼滤波算法解算定位数据，生成刮刀高度修正指令，经 CAN 总线传输至液压控制阀组，精确调节油缸活塞杆行程，从而动态控制刮刀作业高度。

3.4.3 具体操作步骤

在启动卫星平地机之前，必须完成以下准备工作。首先，要确认设备的能源供应情况，检查机器的各项部件是否正常运作。其次，要根据工作场地的地形地貌特征设置卫星平地机的参数，包括土地的坡度、坡向等信息。再次，还要准备好所需的工具和备用零件，以便在工作过程中及时处理故障和更换零件。最后，要进行两步操作。第一是卫星定位校准：在启动卫星平地机之前，需要进行卫星定位校准，以确保设备可以精确地定位和导航。在校准过程中，需要确保卫星信号强度良好，并且设备安装位置无偏移或倾斜。第二是参数调整：根据土地的坡度、坡向等特点，调整设备的工作参数，例如调整行驶速度、铲斗入土深度等。

在启动卫星平地机之后，要注意避免在土壤含水量超过30%的条件下作业，以免导致液压系统锈蚀或电子元件故障。在操作卫星平地机时，需要掌握以下技巧：

（1）控制好速度。根据土壤硬度和地形起伏，合理调整卫星平地机的速度，避免速度过快或过慢。

（2）控制好铲斗。根据地形地貌特征调整铲斗的高度和倾角，确保土壤挖掘和倾倒效率。

（3）避免碰撞。与障碍物保持≥2m 安全距离，作业半径内禁止人员进入，防止机器损伤或人员伤害。

（4）注意安全。实时监测平整度误差和液压油温，确保设备状态正常和作业环境安全。

3.5 平地作业注意事项

（1）平地作业不宜高速行驶，根据土壤比阻及作业要求进行重复作业。机组运行方法与耙地作业存在差异。

（2）平地作业时，农具员坐在平地机座位上，操纵舵轮（机械调整深浅）或分配器手柄（液压控制深浅），根据地形随时调整铲土深度（也有将分配器装在驾驶室内由拖拉机手操纵）。

（3）进行工程性平地时，可用平地机以直角交叉方式平整2～5次。当地表不平度为10～12cm时，可对角线行走平地；当不平度达20cm时，应采用对角交叉法平地。最后一次应顺地边的平行方向平一次，两次行程的接幅应重叠 15～20cm。[①]

（4）播种前平地时，如在有一定紧密度的地块作业，可将平地铲尖向前装成锐角，以便刮土、切土；如在土壤比较疏松的地块作业，可将平地铲尖向后，以便使平地铲能同时起到压实地表的作用。两次行程的接幅应重叠 30～40cm。

3.6　维护与保养

3.6.1　工作中维护保养

（1）发射器和接收器具备 IP67 防护等级，可全天候作业，但遇阴雨天气时，工作完毕后需及时擦拭表面水渍并通风干燥，再装入专用收纳箱。

（2）作业中应规范操作设备，保持平地机匀速直线行驶，选择与土壤条件匹配的作业速度。

（3）作业前需检查电缆接头的防水密封性及油管的连接可靠性，确保无松动或渗漏。

3.6.2　系统保养

（1）使用时注意事项。

①使用时应保证各连接处连接牢固，特别是平地铲牵引悬挂处需加装安全链，防止安全事故发生。

②避免铲刀与硬质障碍物（如岩石、铁块等）碰撞，造成刀刃损伤。

③检查仪器电缆的布设路径，确保作业期间无断裂或磨损风险。

④定期检查排油软管，确保无堵塞或泄漏现象。

⑤定期对激光发射器充电。

（2）维修保养中注意事项。

①平地机液压系统必须使用符合标准的 L－HM46 号或更高规格的液压油。

②进入冬季或低温环境时，需更换 HV 低温液压油。

---

① 资料来源：GB/T 25414—2022。

③必须定期清洁液压系统。

④轮轴销部位每班作业前加注润滑脂，地轮轴承每年加注高温润滑脂。

⑤使用完毕需清洁机身并存放于干燥车库内。

⑥修焊平地铲前必须断开电瓶连接线并关闭电源总开关。

第3章 花生播种机械

1 概述

当前阶段，我国的农业机械化生产水平相较于农业发达国家仍存在较大差距。机械式花生播种机中较为关键的环节是花生排种器的设计，排种器的精密程度直接影响播种过程中是否有“重播”“漏播”及空穴现象。现有花生排种器主要包括：气吸式排种器、种窝可调式排种器、内充式排种器、鸭嘴滚轮式排种器、勺式排种器、电驱动排种器等。

花生播种机的多功能集成能力在很大程度上决定了花生种植的经济效益和生产成本。因此，多功能播种机的功能完善性相当重要。目前市场主流机型包括：花生覆膜播种一体机、花生起垄分层施肥覆膜一体机、花生免耕播种机、花生精量播种施肥一体机等。

2 花生播种方法及技术要求

2.1 花生播种方法

花生播种作业一般分为以下步骤：

（1）播前准备。选择土壤肥沃、疏松、排水良好的地块。花生适宜微酸性至中性土壤，pH 为 5.5～7。播种前需进行土壤检测，并根据检测结果补充相应的营养元素。适宜的土壤含水量为田间持水量的 70%左右。

（2）播种时间。花生适合春季播种，需确保土壤温度达到适宜的水平，最佳温度为 20～25℃，以促进种子发芽和生长。具体的播种时间受当地气候、种植区域以及品种特性影响。华北区域常见花生品种有花育 25、冀花 4 号、辽花 2 号等，可根据需求和栽培经验选择。

（3）播种方式。花生播种方式分为起垄播种、平作播种、条作播种。起垄播种是将土壤耕作成一系列高起的垄，在每个垄的顶部或两侧进行花生种子的播种。这种方式通过垄的高度来提高土壤的排水性能，并为花生提供更好的生长环境。垄的间距和高度可以根据品种特性和土壤条件调整。平作播种是将花生种子均匀地撒播于整平的田面，不形成垄。这种方式适用于土壤排水良好、肥力较高、杂草较少的地块。条作播种是按预定行距开 3～5cm 的播种沟，将花生种子条播于沟内。这种方式便于排水、通风及机械化管理。

（4）播种深度。花生的适宜播种深度为 3～5cm，播种过深易导致出苗延迟，而播种过浅则会影响根系发育。行距一般为 50～70cm，株距一般 20～30cm（具体根据品种调整）。

（5）施肥。在播种前根据土壤检测结果制定施肥方案。花生对磷、钾需求量较大，需合理搭配有机肥料和无机肥料。基肥可选用腐熟有机肥或复合肥，在生长期适时追肥。

2.2 花生种植管理

（1）灌溉管理。花生在结荚期对水分敏感，需实施科学灌溉。根据土壤墒情和气象预报，采用滴灌或沟灌方式精准补水，避免积水导致烂果。

（2）病虫害防治。病虫害监测和防治是花生种植管理的重要环节。主要病害包括花叶病、根腐病、青枯病等；虫害以蛴螬、蚜虫为主。应遵循“预防为主，综合防治”原则，采用生物防治与化学防治相结合的方法，优先选用低毒高效农药，严格执行安全间隔期。

（3）杂草控制。定期清除田间杂草，采用“一封二杀三补”策略：播种后出苗前喷施乙草胺等芽前除草剂封闭杂草；苗期结合中耕人工除草；后期针对大龄杂草定向喷施精喹禾灵等选择性除草剂。避免使用草甘膦等灭生性除草剂。

2.3 花生播种技术要求

2.3.1 铺膜播种要求

（1）作业条件。播种机作业田块应平整，土地需深耕整地，耕深应在

200mm 以上，早春用圆盘耙或联合整地机耕整。影响铺膜作业的地表残留物，如残膜、残根、残株、石块等应清除干净，最大土块直径≤5cm。

（2）土壤含水率。土壤含水率应满足机组正常工作要求，适宜范围为：15%～20%（重量百分比）。

（3）技术规程。

①规划作业小区。

②根据地块情况与机具幅宽划分作业小区，小区宽度应为工作幅度的整数倍。

③划定机组地头起落线，地头宽度为工作幅度的 1～2 倍。

④划出地头放切膜线。放切膜线与起落线平行，间距以 0.3～0.5m 为宜。

⑤确保地边线顺直。机组第一行程的地边需修直补齐，无法修直时可用拉线辅助定位。

⑥在播种作业位置插设标杆。标杆高度 1.6～1.8m 为宜，应插正、插牢并成直线。当从条田一侧采用梭形播种法向左（右）推移时，悬挂机组位置由公式（3－1）确定。

$$E=\frac{1}{2}B\pm C \tag{3-1}$$

式中 E 表示标杆与地边线的距离，单位为 m。B 表示机组工作幅宽，单位为 m。C 表示拖拉机中心线与瞄准器的距离，单位为 m。从左向右梭播为 $+C$，反之为 $-C$。上述公式适用于悬挂机组。

⑦田间试机。

⑧试播要求。机组进地后不加种、肥，不放地膜，进行空负荷试运转，检查各零部件安装的正确性和紧固性、划行器臂长、传动机构的灵活性、膜床成型质量、开沟深度、覆土厚度、行距一致性、穴距准确性、交接行误差、排种排肥装置性能等，完全符合要求后方可进行正式作业。

⑨划行器长度调整（梭形播法）。拖拉机某个部位对准划行器印迹时，划行器臂长按公式（3－2）计算：

$$M=\frac{B+a}{2}\pm C \tag{3-2}$$

式中 M 表示划行器臂长（为最外侧开沟器到划印器印记之间的距离），单位为 m。B 表示机组工作幅宽，单位为 m。C 表示拖拉机中心线到导向轮中心线的距离（轮式拖拉机），拖拉机中心线到链轨外缘的距离（链轨式拖拉机），单位为 m。划印器右臂长取 $-C$，左臂长取 $+C$。a 表示行距，单位为 m。

（4）铺膜播种作业方法和程序。

①铺膜播种作业机组一般为单台悬挂或单台牵引，采用梭形播种方法。

②梭形播种时，机组从一端地头进地，顺条田长边方向开播，到地头转梨形弯调头，顺次向另一侧推移作业，一直播种到条田倒数第二个行程后，播种农田两侧地头。

③地头铺膜播种仍采用梭形播法，播完一个地头后，再铺膜播种条田长边的最后一个行程，并播种另一地头，播完出地。

④播种机组在田间作业的行走方式有梭行播、向心（离心）播和套播三种方式。

梭行播如图 3-1（a）所示，机组沿工作小区一边梭行播种，在地头作有环节转弯。梭行播能保证较高的播种质量，机器磨损均匀，地块区划简单，不受地块限制，操作技术易于掌握，因此生产单位广泛采用。其缺点是：需要较宽的地头，降低了工作行程率和时间利用率，机组转弯操作技术要求较高，需要设置较多的上种点，其位置和上种量均需精确计算。

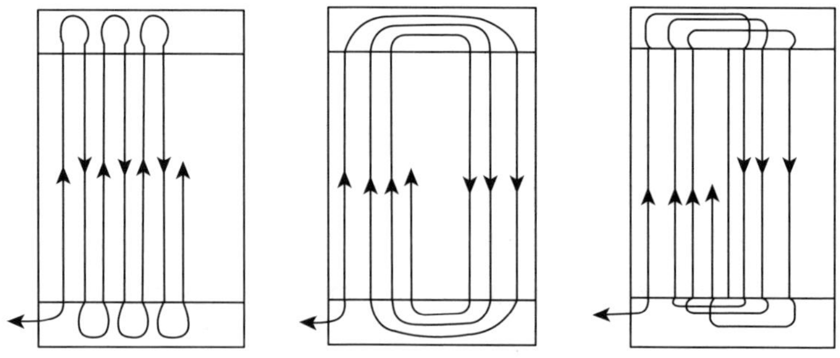

（a）梭行播　（b）向心播　（c）套播

图 3-1　设备行走方式

向心（离心）播如图 3－1（b）所示，机组沿工作小区的一边或中心线入区绕行播种。大多数转弯无环节，操作比较简单，适用于较窄地块。向心（离心）行走方法容易掌握。该方法上种点少，一般为 1～2 个。其缺点是：区划要求精确，否则易产生漏播或重播，工作小区宽度必须是播种机组工作幅宽的整数倍。

套播如图 3－1（c）所示，适用于短地块和垄作播种。机组转弯均为无环节转弯，地头宽度较小，工作行程率较高。转弯操作较简单，上种点少，但区划要求严格，否则容易产生漏播或重播。套播行走方法较复杂，不易掌握。垄上播种时，机组走向和行程顺序应与起垄机组相同，防止因垄距偏差影响播种质量。

2.3.2 气吸式精量播种机操作规程

（1）地块要求。精量播种对土壤条件要求高，播种前应采取整地机整地，达到“齐、平、松、碎、净、墒”的标准。对于作业中不易看清或不能移除的障碍物，需提前设置警示标志。

（2）种子要求。种子应符合 GB 4404.2、GB 4407.2、GB 16715.1 的规定。

（3）地膜和肥料要求。地膜规格需与播种机匹配，质量应符合 GB 13735的规定。化肥应无结块，结块肥料需破碎至粒径≤5mm 后方可使用。

（4）机具调整要求。

①气吸式精量播种机的调整。

水平调整：通过调整拖拉机的三点悬挂，使机具前后、左右水平，并与拖拉机对中。

行距调整：作业前，按照所种植作物的农艺要求，调整排种工作部件在机架上的横向位置，确保行距偏差≤±1cm。

深度调整：通过调整开沟器的上、下固定位置使其工作深度达到农艺要求，并且保证各行深度相同。

株距调整：根据不同作物的农艺要求，通过更换不同孔数的排种盘，或更换链轮齿数，改变传动比，以达到调整株距的目的。

②气吸式精量穴播机的调整。

水平调整：同精量播种机。

穴播器调整：确保鸭嘴组件连接可靠，活动鸭嘴和固定鸭嘴闭合严密，弹簧弹力适中。

播深调整：通过更换不同长度的鸭嘴控制穴深。

穴距调整：通过更换排种器转速链轮（或调整排种盘孔数）实现穴距调整。

（5）操作要求。

①采用梭形播种法，机组从一端地头进地，顺条田长边方向开播，到地头转弯调头，顺次向另一侧推移作业，一直播到条田倒数第二行行程后，播种农田一端地头，返回后再播另一端地头。

②播种机作业应使用划行器。划行器臂长按公式（3－2）计算。

③播种过程中需始终保持拖拉机中等油门匀速前进，气吸式精量播种机作业速度控制在5～7km/h，带铺膜装置的气吸式精量播种机速度控制在3.5～4.0km/h。

3　花生播种机工作原理、种类及工作方式

目前，花生播种机可同步完成起垄、施肥、播种、喷药、覆膜、覆土等联合作业，具备复合功能的机型在生产中得到广泛应用。目前市场上的花生播种机种类较多，但联合作业播种机普遍存在操作复杂、可靠性不足、适应性差等问题。因此，花生种植机械仍需通过技术优化，进一步提升整机作业效能。

3.1　播种机工作原理

花生播种机主要类型有：花生覆膜播种机、花生起垄覆膜一体播种机、花生免膜播种机、花生精量播种机等。虽然上述机型存在功能差异，但其核心结构以及工作部件基本相同。

花生播种机主要由推土铲、施肥铲、地轮、滴灌管开沟器、播种开沟器、压膜辊、破膜轮、覆土铲、镇压轮、镇压轮压紧装置、农膜架、种

箱、滴灌管架、除草剂箱、除草剂喷洒器、固定架、悬挂架组成。其中，起垄装置和排种器是影响播种质量的关键部件。

花生播种机结构如图 3－2 所示。作业时利用推土铲平整垄面，施肥铲开肥沟，施肥装置按深度要求施入化肥。排种装置通过排种管将种子均匀播入播种开沟器开出的沟内。滴灌管同步铺设于滴灌管开沟器开出的沟内。覆土铲将化肥、种子覆土盖妥，并将垄面刮平。喷药系统向垄面喷洒除草剂后，覆膜机构将地膜均匀地展平在垄面，压膜辊及时地将地膜压平，覆土轮和覆土铲用土将农膜边缘覆盖。随后破膜轮对农膜进行开孔，破膜轮上的滚筒在地膜表面筑出两条土带。最后镇压轮压实垄体。可根据土壤条件调整垄宽、垄高及施肥量。花生种芽通过膜孔自然出土，无需人工破膜操作。

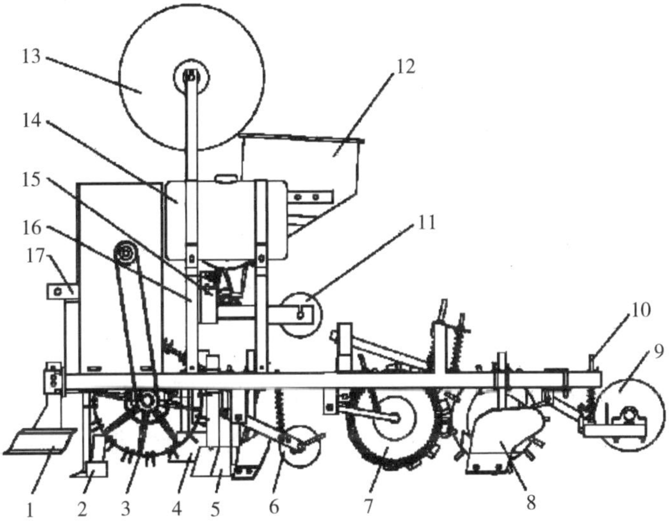

图 3－2　典型花生播种机结构

1. 推土铲　2. 施肥铲　3. 地轮　4. 滴灌管开沟器　5. 播种开沟器　6. 压膜辊　7. 破膜轮　8 覆土铲　9. 镇压轮　10. 镇压轮压紧装置　11. 农膜架　12. 种箱　13. 滴灌管架　14. 除草剂箱　15. 除草剂喷洒器　16. 固定架　17. 悬挂架

3.2　传统播种机种类及性能

目前，花生播种机可同步完成起垄、施肥、播种、喷药、覆膜、覆土等联合作业，具备复合功能的机型在生产中得到广泛应用。目前市场上的花生播种机种类较多，联合作业播种机普遍存在操作复杂、可靠性不足、适应性差等问题。按照功能分类，花生播种机可分为花生精量播种机、花生覆膜播种机、花生覆膜打孔播种机和花生免耕播种机。

3.2.1 花生精量播种机

该机型操作简便、性能稳定，施肥量、播种量和播种深度均可调节。可有效减少伤种、漏播、重播等问题。具体型号如表 3-1 所示。

3.2.2 花生覆膜播种机

该机型采用先播种后覆膜工艺，可以一次性完成筑垄、播种、覆土、喷药、展膜、压膜、膜上筑土等作业。作业时由地轮驱动，链轮传动，将动力传递给排种、排肥装置，实现播种和施肥；覆土板将化肥、种子覆土盖妥，并将垄面刮平；喷药系统喷施除草剂后，覆土盘进行膜上苗带覆土，完成播种。

3.2.3 花生覆膜打孔播种机

该机型采用先覆膜后播种工艺，通过鸭嘴式穴播器实现膜上打孔播种，省去了人工放苗环节。该机型可以一次性完成开沟、施肥、覆膜、播种、镇压等作业。作业流程为：开沟施肥→覆土覆膜→鸭嘴式穴播器打孔播种→覆土压膜→镇压成型。

3.2.4 花生免耕播种机

该机型适用于秸秆覆盖地的免耕播种，可实现秸秆还田。可同步完成灭茬、施肥、播种、喷药、镇压、均匀覆秸等联合作业。相比传统分段作业（旋耕+播种），具有高效省工优势。

表 3-1 常用花生播种机主要类型性能表

型号	结构	主要性能参数
BZ-1400 型花生精量播种机		外形尺寸为 2 310mm×2 500mm×1 350mm，配套动力为 73.5～91.9kW，作业速度为 6～13km/h，作业幅宽为 2 100mm，作业行数为 6，施肥深度为 70～100mm，播种深度为 30～50mm，起垄高度为 15～20mm，起垄宽度为 600mm，平均田间出苗率为 90.14%

（续）

型号	结构	主要性能参数
2BMJ－1/4型精量花生覆膜播种机		外形尺寸为2 490mm×1 520mm×1 378mm，配套动力≥35hp，整机质量为180kg，生产效率为4～8亩①/h，播深为20～40mm，行距为100～660mm，穴距为120mm，膜床镇压装置形式为圆辊式，开沟器型式为圆盘式，展膜机构型式为圆辊式，膜边覆土器形式为圆盘式
ZD－FMBZ型花生覆膜打孔播种机		外形尺寸为1 900mm×1 150mm×920mm，整机质量为170kg，配套动力为13～20kW，行距为380～550mm，穴距为150～230mm，播种行数为2，空穴率＜0.5%，种肥间距＞50mm，膜幅宽度为900mm，工作效率为4～6亩/h
2BMQ－4型免耕精量播种机		外形尺寸为3 000mm×1 600mm×3 500mm，配套动力为40～52kW，整机质量为1 000kg，作业效率为1.2～2.0hm^2/h，株距为70～410mm，播种开沟器型式为双圆盘，排肥器形式为外槽轮，施肥开沟器形式为单圆
2BJM－6高速精密免耕播种机		外形尺寸为1 830mm×4 000mm×1 870mm，整机质量为1 330kg，配套动力＞40kW，行距为350mm，工作效率为40～50亩/h，工作速度为8～12km/h，排种盘直径为220mm，镇压轮形式为橡胶零压轮胎，地轮形式为人字形胶轮胎

① 亩为非法定计量单位，1亩＝1/15公顷。——编者注

3.3 自动驾驶播种机

农业装备自动驾驶技术具有高作业质量、高作业效率、低作业成本、低劳动强度的优点，已成为智能农业装备发展的重要方向。自动驾驶拖拉机通常应用于播种机，可大幅度提高播种机耕地、播种、施肥、喷药、覆膜、覆土等功能的工作效率。自动驾驶拖拉机是指能够在农业领域执行各种任务而无须人为驾驶的拖拉机。这种技术的发展是自动驾驶技术在农业应用中的一部分，旨在提高农业生产的效率、降低劳动力成本，并更有效地利用资源。常用自动驾驶播种机性能如表 3－2 所示。

3.3.1 自动驾驶拖拉机的定义及特征

农业装备自动驾驶技术系统主要包括环境感知、工况感知、决策感知、横向控制、纵向控制等关键技术。对于花生播种机而言，选择合适的动力系统对于提高作业效率、作业质量，降低劳动成本至关重要。自动驾驶拖拉机通常具备以下特征和功能。

（1）自主导航。能够通过使用各种传感器和导航系统，如 GPS、惯性导航系统（INS）、视觉传感器等，实现自主导航和路径规划，以确保拖拉机能够准确地行驶在农田中。

（2）任务执行。能够执行各种农业任务，例如耕地、播种、施肥、喷洒农药等。这些任务通常是通过搭载在拖拉机上的各种设备和工具完成的。

（3）传感器集成。拖拉机通常配备了多种传感器，用于感知周围环境、监测作业进度和检测障碍物。这些传感器包括激光雷达、摄像头、超声波传感器等。

（4）实时决策和控制。能够通过实时的数据处理和决策系统，对拖拉机的运动进行调整和控制，以适应不同的农业场景和任务要求。

（5）通信能力。与农场管理系统或中央控制系统进行通信，以接收任务指令、上传数据，并实现对多台自动驾驶拖拉机的协同工作。

自动驾驶拖拉机的发展旨在提高农业的生产效率和可持续性，并减少对人力资源的依赖。这一技术的应用有望为现代农业带来更智能、高效的解决方案。

3.3.2　自动驾驶播种机工作原理

自动驾驶拖拉机通常应用于播种作业中，以东方红无人驾驶拖拉机 LF1104 - C 型自动驾驶播种机为例，其特征与工作原理如下。

我国第一拖拉机股份有限公司于 2016 年在中国国际农业机械展览会上发布了国产东方红 LF1104 - C 无人驾驶拖拉机（图 3 - 3），并进行田间作业演示。该机型装配了卫星定位与惯性导航系统（INS）、视觉与雷达传感器，具备远程一键启动、自动路径规划及导航、自动换向、自动刹车、远程遥控随时干预等多项功能，横向控制精度达±2.5cm，在旱田播种、水田打浆、平地作业实地测试中效果良好。

图 3 - 3　东方红无人驾驶拖拉机 LF1104 - C

自动驾驶的核心技术包括智能感知、决策规划和执行控制。智能感知是指农业装备利用车载传感器探测和监控机组工况及周围环境信息。根据感知对象的不同，农业装备自动驾驶智能感知研究主要包括环境感知与工况感知两方面。通过对外界环境的感知可以实现作业目标和障碍物的检测，通过车辆工况的感知可以实现车辆位置姿态、执行机构和控制器的运行状态监测，对保障作业安全和作业质量具有重要意义。决策规划是指根据感知信息进行车辆行走和作业的状态切换与路径规划。执行控制指通过对电机、液压系统等执行机构的控制，实现农业装备作业过程中横向（方向）控制和纵向（速度）控制及其组合对农业装备运动状态和作业质量的调整和控制。图 3-4 更为直观地展示了自动驾驶系统的工作原理。

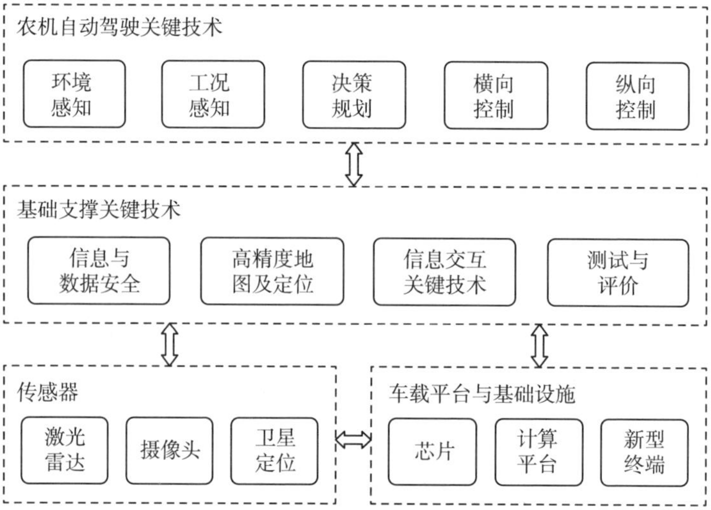

图 3-4　自动驾驶系统架构

表 3-2　常用自动驾驶播种机性能表

型号	结构	主要性能参数
M954KQ 型自动驾驶播种机		外形尺寸为 4 445mm×2 215mm×2 695mm，额定功率为 70kW，发动机气缸数为 4，动力输出轴转速为 540 或 720r/min，最小离地间隙为 500mm，挂接播种机方式为悬挂式
LF1104-C 型自动驾驶播种机		外形尺寸为 4 436mm×2 250mm×2 765mm，配额定功率为 81kW，发动机气缸数为 4，额定转速为 2 200r/min，动力输出轴转速为 540 或 720r/min、650 或 720r/min、540 或 1 000r/min、720 或 1 000r/min，动力输出轴功率为 65.55kW，标定牵引力为 22kN

（续）

型号	结构	主要性能参数
8R－3004 自动驾驶拖拉机		外形尺寸为 6 613 mm ×（3 012 ～ 3 351mm）×3 403mm，发动机额定转速为 2 100 r/min，发动机标定功率为 300 或 220.5hp/kW，最大配重为 800kg（前），1 374kg（后），耕深调节方式为力、位、高度、力位综合调节，摄像头数量为 6

3.3.3　自动驾驶播种机使用前后的调整

自动驾驶播种机的使用调整是确保其长期高效运行的关键操作。以下建议可能因拖拉机型号和制造商而异，执行维护操作前需参考具体使用手册。

（1）软件更新。定期检查是否有可用的软件更新。自动驾驶拖拉机的性能和稳定性直接受软件版本的影响。

（2）传感器清理。保持摄像头、激光雷达等感知设备清洁。灰尘、泥浆等污物会影响传感器的检测精度。

（3）轮胎检查。定期检查轮胎的气压，确保磨损均匀。合适的轮胎气压可提升行驶稳定性并延长轮胎使用寿命。

（4）悬挂系统检查。确保各个部件处于良好状态，以保障行驶平稳。

（5）电池和电气系统。定期检查电池的充电状态，清洁电极接头。检查线束及接插件，确保无松动，绝缘层无破损。

（6）油液和润滑。定期更换发动机油和滤清器，以确保引擎处于最佳状态。检查液压油、传动油和其他重要液体的液位，并根据需要进行更换。对轴承、万向节等部位加注润滑脂。

（7）机械部件检查。定期检查刹车系统，确保刹车性能良好。检查传动系统、离合器和其他机械部件的磨损程度。确保所有螺栓和螺母紧固，更换锈蚀或变形部件。

3.4　播种机关键部件

（1）穴播器工作原理。随着穴播器的转动，种子在自重及离心力的作用下流入排种盘的型孔中，刮种板将多余的种子刮离型孔并回落至穴播器内。携带种子的排种盘转过顶部约30°时，种子依靠自身重力落入闭合的鸭嘴内。鸭嘴转动至下部入土时，通过机械连杆机构（或弹簧装置）打开，形成播种穴后释放种子。覆土盘将土壤覆盖至种穴上方，覆土滚筒在膜上滚动时推送细土覆盖种行，最后镇压轮压实种行土壤。至此，完成整个作业过程。

（2）机架。机架由悬挂架、前横梁、顺梁及划行器支架等部分组成。主要用于连接膜床整形机构、展膜机构、压膜机构、穴播器框架、覆土滚筒框架及与拖拉机挂接。

（3）膜床整形机构。膜床整形机构由镇压辊、刮土板等组成。主要用来将推平的种床表面压实；刮土板用来将种床表面的干土推掉及将种床推平。

（4）铺膜机构。铺膜机构由开沟圆盘、展膜辊、压膜轮、覆土圆盘等组成。开沟圆盘与机具前进方向呈内八字形夹角（15°～20°），机具行进时开沟圆盘开出膜沟，展膜辊将地膜铺放在平整好的膜床上，压膜轮将地膜的两边压入开出的膜沟内，确保地膜与床面贴合紧密且张力均匀。随后覆土圆盘对膜边覆土压实，防止地膜收缩变形，保证膜孔与播种穴精准对齐。

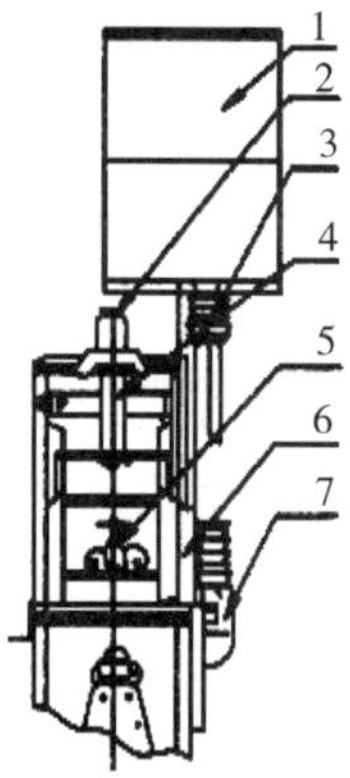

图3-5　播种装置

1. 上种箱　2. 活动鸭嘴　3. 输种管
4. 环带　5. 取种器　6. 护碗　7. 外轴

（5）播种装置。播种装置由种箱、穴播器、输种管、种箱支架等部分组成（图3-5）。其作用是将种子准确播入种床。

（6）膜上覆土装置。膜上覆土装置由覆土滚筒、覆土圆盘和镇压轮组成（图3-6）。膜上覆土圆盘将土导入覆土滚筒内，滚筒内的导土板随转动把土输送到各排种穴上方，覆盖形成种孔带，随后镇压轮压实种孔带土壤。

（7）穴播器。穴播器由定盘、芯盘、种圈、动盘和种盒等部分组成。作为本机器的核心部件，穴播器总成出厂前已完成精密装配、检验及性能测试，现场安装时只需按定位标记与播种机机架连接即可。

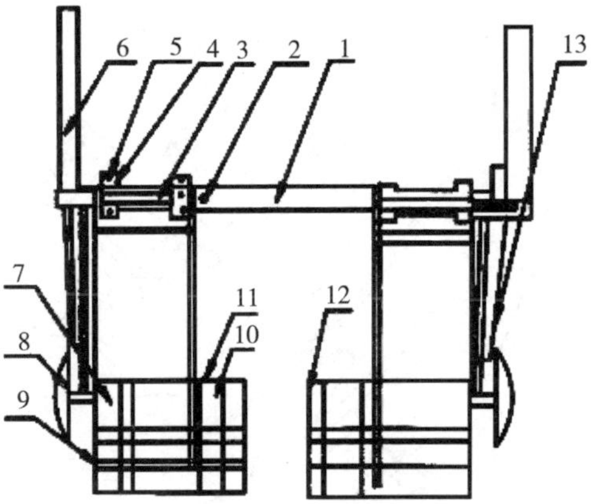

图 3－6　膜上覆土装置

1. 后梁　2. 开口销　3. 后横梁　4. 卡子　5. 螺栓卡子　6. 顺梁　7. 覆土滚筒
8. 膜上覆土圆盘　9. 后横轴　10. 外轴　11. 调整螺栓　12. 边盖

（8）定盘总成。定盘总成由定盘、轴、棘爪、棘爪扭簧、蝶形螺丝、堵头、种口、相位调整器、大玻璃盖、小玻璃盖、十字半圆头螺钉等组成（图 3－7）。

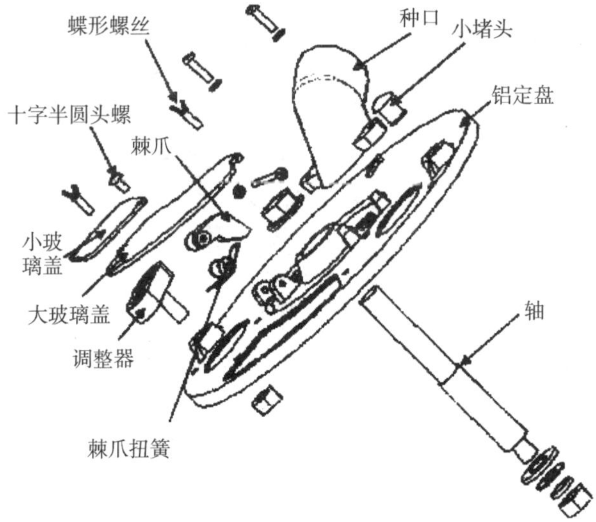

图 3－7　定盘

（9）芯盘总成。芯盘总成由龙骨片、芯盘、种刷、种刷架、轴承 6807、轴承 6308、螺栓、螺帽等组成（图 3－8）。

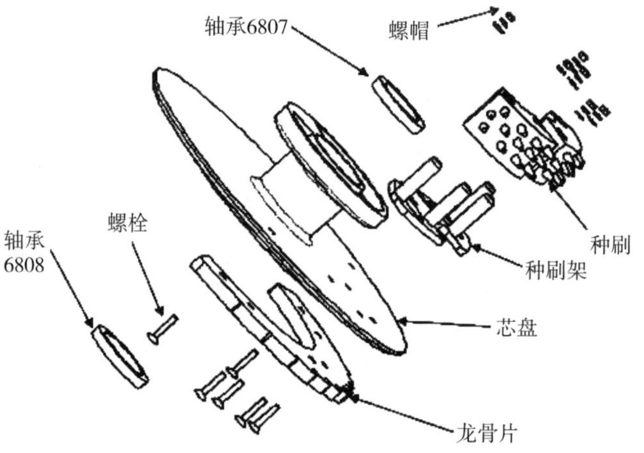

图 3-8　芯盘

（10）种轮。种轮由种轮主体、壤块组成（图 3-9）。

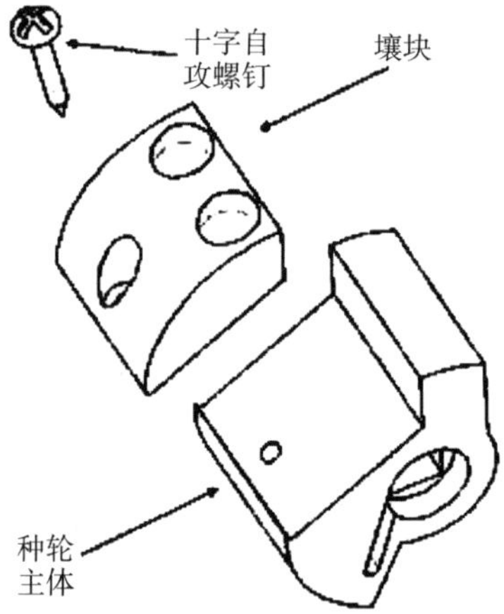

图 3-9　种轮示意

（11）种盒总成。种盒总成由拐臂、胶皮门帘、门帘小钢片、种盒、种轮总成、冶金大套、冶金小套、扭簧、十字自攻螺钉、堵籽器组成（图 3-10）。

（12）鸭嘴总成。鸭嘴总成由定鸭嘴、动鸭嘴、大合页、小合页等组成（图 3-11）。

（13）种圈总成及组装。将宝塔弹簧竖起铁丝的一端插入弹簧座孔，另一端（带螺旋孔）套入动嘴合页的小凸起，将两半合页配合在一起，用

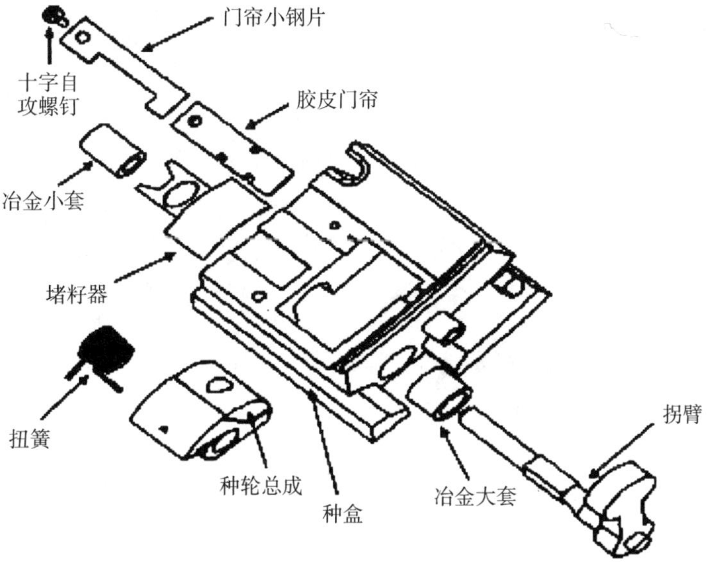

图 3－10　种盒安装示意

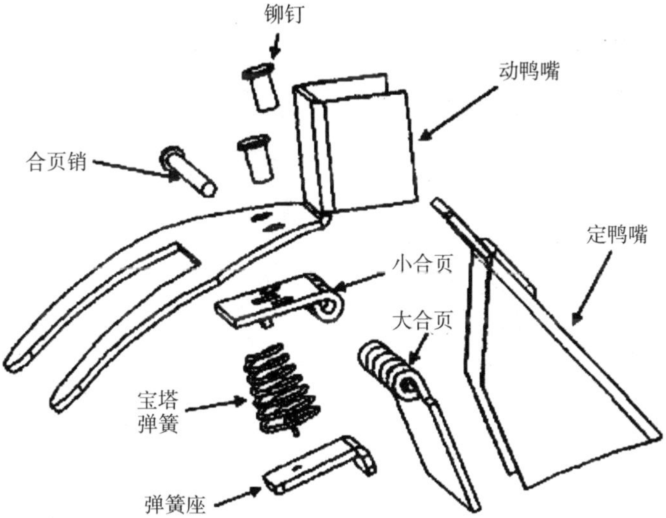

图 3－11　鸭嘴单体安装示意

销子连接起来。腰带通过螺栓固定于种圈支架（图 3－12～图 3－15）。

（14）穴播器总成与组装。穴播器由动盘（图 3－16）、压盘（图 3－17）、种圈总成、芯盘总成、定盘总成和若干螺杆组成（图 3－18）。

组装步骤：

图 3-12　腰带

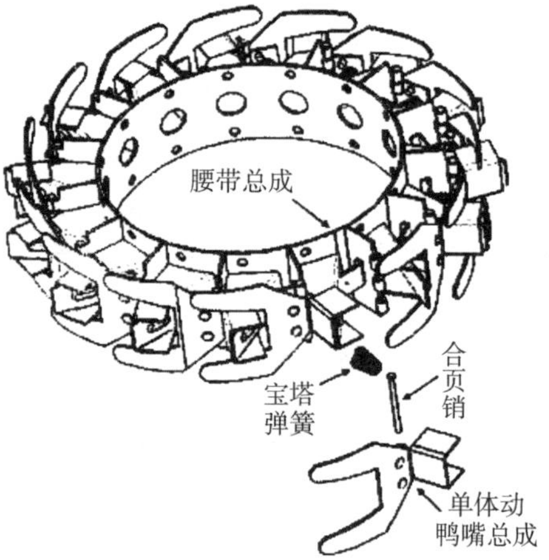

图 3-13　种圈（不含种盒）

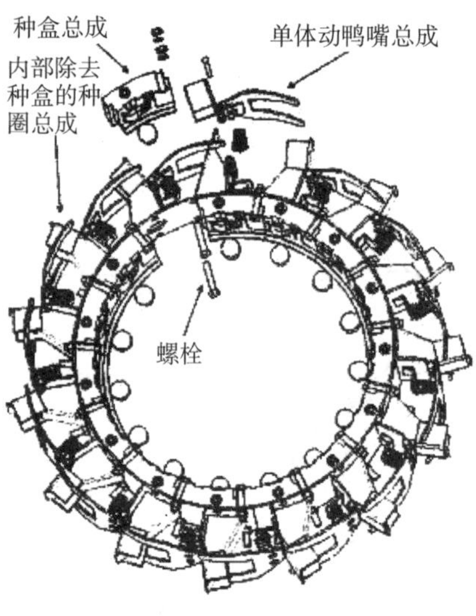

图 3-14　未安装堵子器的种圈

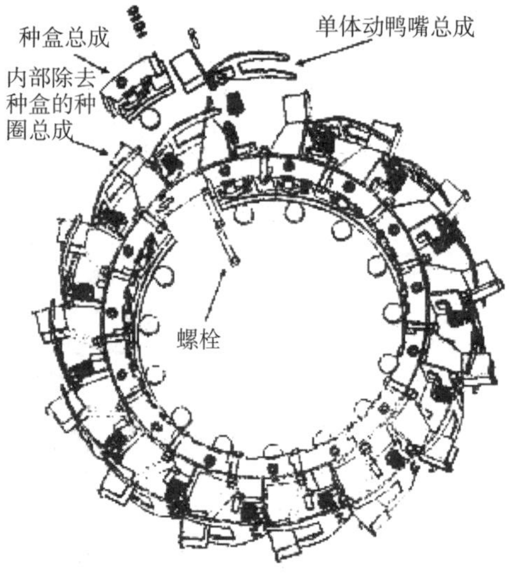

图 3-15　安装堵子器的种圈

①把种圈总成组装好。将种圈与动盘配合好，在种圈上面再合上压盘并用螺杆拧紧。

②芯盘装好后，在穴播器轴上抹适量润滑油脂。

③组装定盘总成，拧紧螺帽。手动旋转定盘，若存在摩擦异响，需调整定盘与芯盘间隙，直至转动平顺无噪声。

④相位调整器的安装按播种要点、图示与说明来组装。

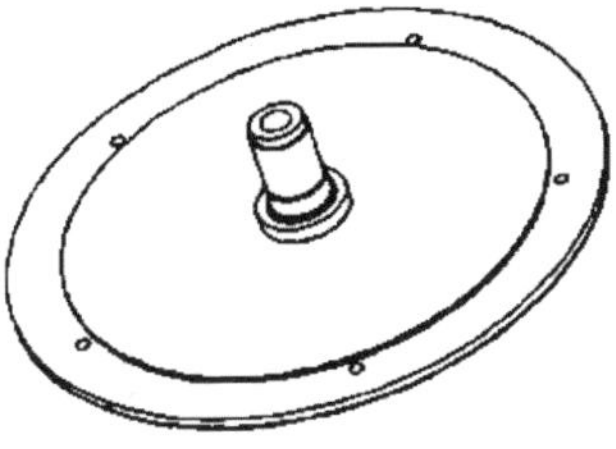

图 3-16　动盘

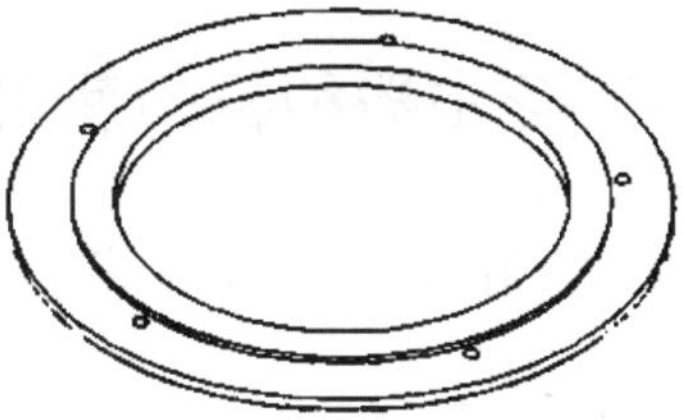

图 3-17　压盘

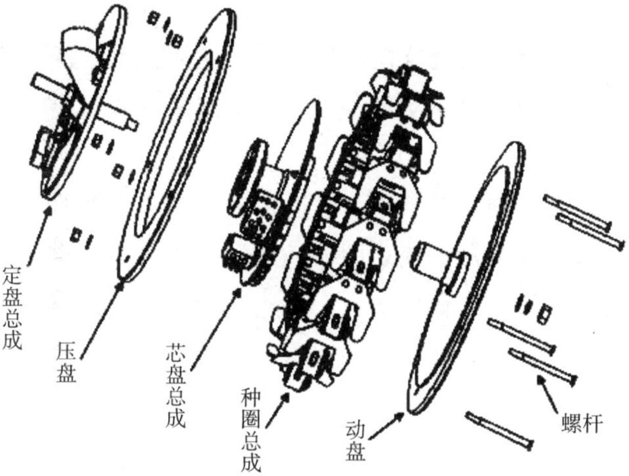

图 3-18　穴播器各部件位置示意

（15）划行器。由划行器圆片、支架、支座等组成（图 3-19）。主要作用是帮助操作者掌握拖拉机的前进方向，保证作业质量。

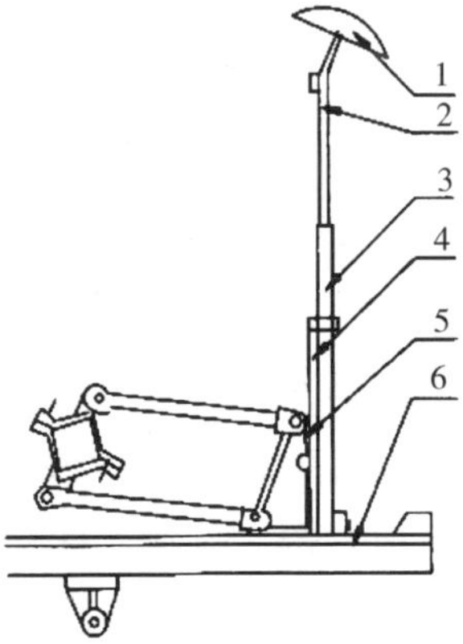

图 3-19　划行器结构示意

1. 划行器圆片　2. 小管　3. 大管　4. 支架　5. 连支座　6. 顺梁

4 花生播种机的使用及维护保养

4.1 花生播种机的使用

4.1.1 根据土壤类型选择播种机

（1）沙土。沙土排水性好但保肥能力差，适合选用浅播型播种机。推荐使用撒播机或气吸式精量播种机，可实现种子在土壤表层均匀分布。

（2）壤土。壤土兼具透气性与保水性，适用机型广泛。建议优先选用深耕播种机，通过犁刀翻耕实现种肥分层；或采用双圆盘开沟播种机，确保种子着床深度一致。

（3）黏土。黏土黏重易结块，需选择破土能力强的机型。推荐使用深松播种机配合窄型开沟器；或采用振动式播种机，减少土壤黏附堵塞。

（4）粉壤土。粉壤土颗粒细腻，通透性较差。建议使用圆盘式开沟播种机或深翻播种机。这些播种机能够深入土壤，改善通透性并为种子提供良好的生长环境。

总之，选择播种机时需要考虑土壤类型、作物种类、种子大小和农业实践等因素。在了解土壤特性的前提下，根据具体需求选择合适的播种机，以实现最佳的播种效果，促进农业生产。

4.1.2 花生播种机的使用方法

花生播种机的使用原则为：各工作部件必须以工作单元的中心线为基准、确保左右对称安装与调整。升起播种机，将地膜起头经展辊、压膜轮、覆土轮后压在地面上，然后降下播种机。

将膜卷调整至对称的位置，锁紧挡膜盘，保证膜卷横向窜动量≤5mm。根据地膜宽度及农艺要求调整膜床宽度，开沟深度5～7cm，开沟圆盘角度15°～20°，膜边埋入膜沟5～7cm。

在给种箱加种时，应在加种的同时缓慢转动排种滚筒3～5圈，完成预先充种。试播时应检查播深、每穴粒数、株距、行距、覆土质量等，确认全部符合作业质量标准后，方可正式作业，否则须重新调整。

（1）行距的调整。播种机的行距是指两个穴播器鸭嘴中心线之间的距离。使用前应根据农艺要求调整。具体调整步骤如下：

①调整各单组机架之间的距离，以保证各单组机架之间的距离一致。调整时，松开主梁上的连接螺栓，左右移动各单组机架，确保各单组机架之间的距离达到规定值。

②调整穴播器之间的距离，松开后梁上的 U 形螺栓、螺母，左右移动穴播器框架总成，使之达到规定的距离。同时，应注意以整机的中心线为基准，由主梁中心向左右逐一调整。调整完成后锁紧螺栓。

（2）刮土板的调整。刮土板的调整应根据土壤情况而定。一般调整两次，先粗调，后进行微调。土壤疏松时，松开刮土板的紧固螺栓，以镇压辊下平面为基准，疏松土壤下调刮土板 15～30mm，黏性土壤下调 15～40mm。刮土板前顶端向上抬升 5°～10°，确保刮土流畅。短距离运输时，将刮土板升至最高位置并紧固，避免田间移动时触地。

（3）开沟圆盘的调整。

①膜床宽度设定：一般为地膜宽度减去 15～20cm。

②开沟圆盘角度调整：从后往前看，开沟圆盘呈内八字形，单盘与前进方向夹角为 15°～20°，松开紧固螺栓，左右转动立柱，即可实现角度调节。

③入土深度调整：圆盘入土深度一般在 50～70mm（沙土地取小值，黏土地取大值），松开紧固螺栓，上下移动立柱，即可实现深度调整。

④膜床宽度调整：松开立柱上的紧固螺栓，左右移动开沟圆盘即可实现宽度调整。

（4）覆土滚筒的调整（调土量、滚筒安装）。覆土量受圆盘入土深度、角度、作业速度影响，应根据具体情况进行调整。圆盘的角度增大、深度增加，覆土量增多，反之则减少。种孔覆土厚度一般在 10～20mm，覆土宽度在 50～70mm。

①深度调整：松开立柱上的紧固螺栓，上下移动圆盘至所需深度，拧紧紧固螺栓。

②角度调整：松开立柱上的紧固螺栓，转动圆盘至合适角度，拧紧紧固螺栓。

③横向调整：松开圆盘轴紧固螺栓，左右移动圆盘轴至合适位置，拧紧紧固螺栓。

（5）穴播器调整。

①鸭嘴。鸭嘴必须紧固可靠，不得有杂物、泥土、棉线等堵塞进种口及输种通道；活动鸭嘴必须转动灵活，无卡滞现象，否则应进行修理或更换。

鸭嘴开启时，其开口间隙应在16～18mm；鸭嘴闭合时，其开口间隙应不大于1mm。超差时用专用工具调校。

②下种量的调整。一般播种机的下种量是通过更换型孔种轮进行调整的，用户在订货时可根据需要选择单粒型或双粒型孔种轮。

③覆土滚筒的调整。覆土滚筒靠近膜边的第一个漏土口的宽度一般为15～20mm，第二个漏口的宽度一般为25～40mm。漏土口的中心线一般应在鸭嘴的中心线外侧5mm左右，种孔带镇压轮的中心线应与漏土口的中心线在同一条直线上。根据土质的不同可进行适当调整。

4.2 花生播种机的维护保养

（1）定期清洁。

①种子槽清理：作业前后，用刷子或空气压缩机清除槽内种子、尘土及杂物，避免堵塞。

②传送带与排气管清理：传送带与排气管也需要经常清理，确保种子能够流畅地进入播种机。定期检查排气管，及时清理异物。

（2）润滑与部件维护。

①移动部件润滑：检查播种机上的轴承、链条、齿轮和其他移动部件，确保它们都充分润滑。根据制造商的建议加注润滑剂。

②磨损部件更换：定期检查播种机的各个零部件，特别是易损部件。发现磨损或破损立即更换。

（3）传动系统检查。确认各传动部件安装牢固，无松动、磨损或异响，必要时调整张紧度或更换。

（4）播种深度校准。根据土壤类型和农艺要求，通过调整开沟圆盘深度和覆土滚筒参数，确保种子入土深度符合标准。

（5）种子质量管控。播种前筛选种子，剔除杂质、病粒及破损种子，保证种箱内种子清洁无异物。

（6）电气系统维护。

①线束及接插件检查：定期检查线束绝缘层是否破损，接插件是否松动或氧化。确保信号传输稳定。

②传感器和控制系统：检查播种机的传感器和控制系统是否正常工作。如果有问题，根据制造商的建议修复或更换。

（7）灌溉系统维护。如果播种机与灌溉系统集成，确保灌溉设备和管道没有堵塞或漏水。维护灌溉系统以确保正常供水。

（8）数据记录与分析。记录播种机的性能数据，包括播种率、播种深度和位置。这些数据有助于追踪播种效果，以便进行必要的调整。

4.3　花生播种机故障排除

（1）种子堵塞。

问题描述：种子堵塞在播种机的传送带、排气管或其他部件中，导致播种机无法正常工作。

排除方法：停机并断开电源，使用压缩空气或专用疏通工具，清理堵塞点。检查排种通道设计是否符合种子特性，必要时更换排种管。

（2）播种深度不均匀。

问题描述：同一行内种子入土深度偏差超过±5cm。

排除方法：校准开沟圆盘深度，检查镇压轮压力是否一致。清理排种管内杂物，确保种子流畅下落。

（3）播种间距不均匀。

问题描述：株距偏差超过±1cm。

排除方法：调整播种机的种子排列系统，确保它们在行中均匀分布。检查播种机的驱动系统，使排种盘转速与前进速度匹配。修复或更换任何有故障的传动部件。

（4）电气问题。

问题描述：电气系统出现故障，如传感器信号异常、控制器误动作。

排除方法：用万用表检测线束通断，使用测试工具检查传感器和控制系统的功能。更换失效传感器，必要时进行控制系统复位或固件升级。

（5）机械故障。

问题描述：机械部件损坏或卡滞，导致播种机无法正常运行。

排除方法：停机并断开电源。检查机械部件，如轴承、链条、齿轮等。更换损坏部件。

（6）灌溉问题（若集成）。

问题描述：灌溉管道堵塞或漏水等问题。

排除方法：断开电源，疏通灌溉系统的管道，检查灌溉设备，修复或更换故障部件。如果不熟悉播种机的内部结构和电气系统，最好由经验丰富的维修技术人员进行维修和排除故障。另外，根据制造商的建议，定期进行预防性维护可以减少故障的发生。

第4章　花生中耕机械

1　概述

中耕作为农田管理的重要技术措施，其作用主要体现在以下方面：通过疏松表层土壤增强通气性，提升地温促进好氧微生物活动，加速养分分解，调节土壤墒情促进根系发育，清除田间杂草减少病虫害发生，降低化肥施用量实现生态保护。针对不同作物类型、生长阶段及田间环境，中耕作业的频次与时机需进行调整。

在花生栽培体系中，中耕机械主要承担地膜回收、土壤耕作、杂草清除、培土筑垄等核心作业。其中地膜回收作为关键环节具有显著时效性：花生中耕期地膜尚未老化，保持良好机械性能，此时进行机械化回收既可避免残膜堵塞后续收获机械，又能同步完成松土、除草、施肥等配套作业，形成集成化田间管理方案。科学实施中耕作业可有效改善土壤物理结构（水、气、热协调），抑制病虫草害，保墒提温，为花生生长发育创造理想根际环境。

当前传统中耕作业劳动强度大、用工成本高、作业效率低。因此，亟须研发适配区域农艺特征、兼具高可靠性与高效率的中耕机械装备，通过机械化技术突破实现作业效能提升与经济效益增长的双重目标。

2　中耕机

中耕机主要指农作物生长期间用于除草、松土、施肥等作业的机械。中耕机有大型中耕机和小型中耕机之分，大型的中耕机适用于规模化种植的农作物、蔬菜等，而小型中耕机主要针对小面积地块的家庭农户及单个温室大棚。中耕机械还可分为全面中耕机、行间中耕机和专用中耕机。全面中耕机用于播前整地、休闲地块的管理以及化肥和化学药剂的混施等种床准备作业。农作物的行间中耕作业包括松土、破除表土板结、间苗、除草、追肥及行间开沟培土等作业。专用中耕机则适用于果园、茶园、胶园等的专项作业。

2.1 中耕机的种类

按动力类型，可以分为人力中耕机、畜力中耕机和机动式中耕机。

按与动力机的连接形式，可以分为牵引式中耕机、悬挂式中耕机和直连式中耕机。

按作业环境，可以分为旱地中耕机和水田中耕机。

按作业功能，可以分为全面中耕机、行间中耕机、通用中耕机等。

按工作部件原理，可以分为旋转式中耕机和锄铲式中耕机。

2.1.1 旋转式中耕机

(1) 整机结构。该机整机结构如图 4-1 所示，其主要由动力输入轴、机架、扭矩传感器、中间轴、传动系统、振动式旋转单体、数据采集仪等组成。其中动力输入轴通过轴承座固装在机架前方，扭矩传感器由法兰盘分别与动力输入轴和中间轴串联连接，传动系统配装在中间轴与旋转单体

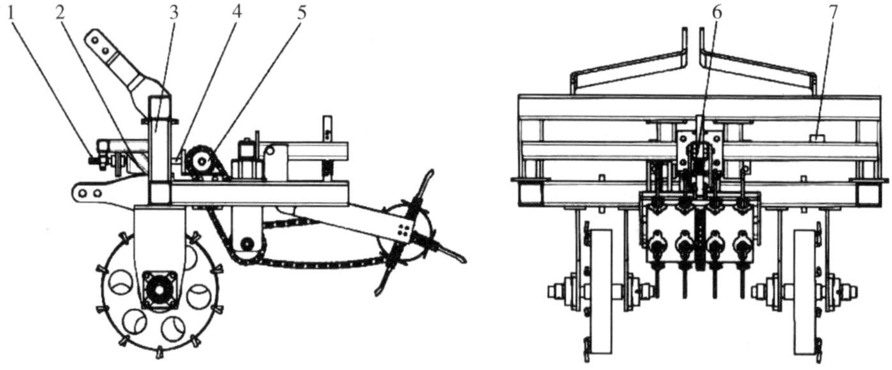

(a) 主视图　　(b) 侧视图

图 4-1　整机结构

1. 动力输入轴　2. 扭矩传感器　3. 机架　4. 中间轴　5. 传动系统
6. 振动式旋转单体　7. 数据采集仪

之间，旋转单体用 U 形螺栓固装在机架后方的横梁上，且可调节其横向位置，以适应不同的垄距作业。

（2）工作原理。作业时，机具与拖拉机挂接，机体上配置振动式旋转单体。调整旋转单体的位置，使旋转单体上的碎土刀对称分布于植株苗带两侧。拖拉机动力输出轴通过法兰盘与机具动力输入轴连接，并通过传动系统将动力传递给旋转单体进行碎土作业。振动式旋转单体的辊筒为空心结构筒壁开设刀座，用来安装碎土刀具。辊筒内部设置凸轮轴（与辊筒轴线平行），辊筒与凸轮轴之间装有弹簧，弹簧与碎土刀均固定在辊筒上。当辊筒以设定转速旋转时，刀具沿凸轮轮廓曲线往复摆动，形成振动切削减阻效应。

（3）旋转单体减阻机理。

①碎土刀切削土壤阻力。通常，碎土刀切削作业时，土壤由于受到其挤压力而产生裂纹，裂纹逐渐扩张，使其破碎，其间土壤还会随着刀具运动，因此分析其切削阻力比较复杂，需对其切削阻力进行简化处理。分析中耕机旋转类工作部件与土壤的作用力，应分别考虑其刀柄与刀刃的受力情况。

碎土刀作业时的切削阻力主要与土壤特性参数、碎土刀外形尺寸、旋转单体运动参数等有关，可以通过合理设计碎土刀外形尺寸、选择合适的运动参数、改善碎土刀与土壤之间相互作用等方法来减小旋转单体的切削阻力。

②旋转单体减阻机理。通过上述对碎土刀切削土壤阻力的分析，借鉴振动技术在农业机械设计中的应用，通过设计弹簧、凸轮等机构，使得作业时旋转单体与土壤构成振动系统。

旋转单体作业时，碎土刀振动柔性切割土壤，一方面可以改善碎土刀表面润滑状态，降低碎土刀与土壤的摩擦阻力；同时由于振动的存在，改变了碎土刀的受力状态，使得一部分土壤阻力转换为弹簧的弹力。因此，弹簧的形变量越大，旋转单体的减阻效果越明显，但过大的弹簧形变量会使装置运行不稳定，降低作业效果。

由于研究的旋转中耕机，其作业环境多为黏重土壤、泥炭沼泽土壤等，在土壤特性参数和旋转单体结构参数确定后，可通过改变机器前进速度、弹簧刚度和刀辊转速来调整弹簧的形变量，从而在增加装置减阻能力的同时不影响作业效果。

(4) 关键部件。如图 4-2 所示。该旋转单体由单体机架、弹簧杆、仿形弹簧、刀轴、单体弹簧、碎土刀、压缩杆、固定片等组成。其中弹簧杆的下端与单体机架铰连，上端穿过单体机架上横梁，其杆体开设多个调节孔，通过插入开口销可固定其轴向位置，以调节碎土刀的入土深度；仿形弹簧套装在弹簧杆上；凸轮轴固装在机架上，辊筒与凸轮轴同轴安装，压缩杆装配在凸轮轴与辊筒之间，弹簧和固定片分别套装在压缩杆上，且固定片通过螺栓与辊筒固装，碎土刀用螺栓固装在压缩杆上。

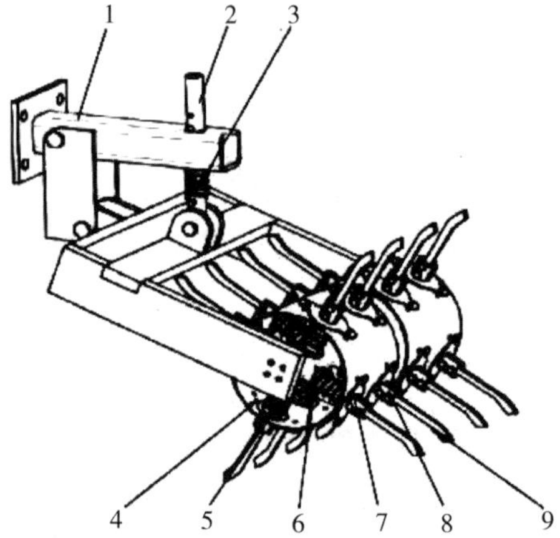

图 4-2 振动式旋转单体结构

1. 单体机架 2. 弹簧杆 3. 仿形弹簧 4. 辊筒 5. 单体弹簧
6. 凸轮轴 7. 固定片 8. 压缩杆 9. 碎土刀

①碎土刀。碎土刀是旋转单体的执行部件，其结构好坏直接影响装置作业效果。现有的中耕机旋转工作部件大多采用 L 形刀或直刀，二者在作业时都存在切削阻力大、功耗高等问题。新型碎土刀通过结构优化，与 L 形刀和直刀相比，其切削阻力更小，入土性能显著提升。

碎土刀结构如图 4-3 所示，其主要参数包括刀长 l 和刀宽 w_d。根据苗间松土作业要求，碎土刀的入土深度需控制在 5～10cm，碎土效果最佳。同时为避免阻力矩过大导致碎土刀弯折，入土深度应不小于刀长的 1/3。因此综合考虑作业深度及结构强度，确定刀长 $l=106$mm。刀宽影响切割阻力：过宽增加接触面积，过窄降低强度。采用正弦指数曲线设计刃口曲线，既降低切土阻力，又减少缠草风险。

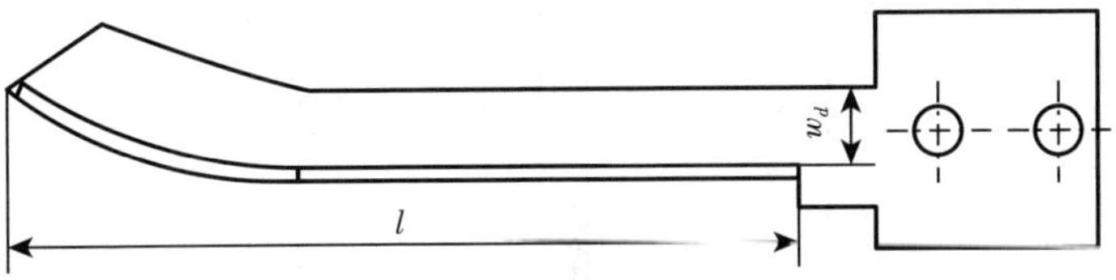

图 4-3　碎土刀结构

碎土刀两侧侧刃角设计为 45°（与水平面夹角），刃口宽度 2mm。选择比较耐磨的 45 号钢作为碎土刀的材料，并进行表面淬火处理，使刃口硬度达到 HRC50。为保证抗变形能力，其厚度不宜过小（≥6mm）。

②辊筒。

a. 辊筒宽度。辊筒宽度由植株垄台结构尺寸决定，如图 4-4 所示，两辊筒间距为 l_2，垄顶和底宽分另别为 ω_1、ω_2，为了减少伤根和漏耕，辊筒宽度 ω 应满足 $\omega_1 < 2\omega + l_2 < \omega_2$，综合考虑整机尺寸不宜过大。

b. 辊筒直径。设计的旋转单体辊筒采用对称安置，即两辊筒分别位于植株苗的左右两侧，如图 4-4 所示，为防止伤苗，应有 $(D-d_1)/2+h_1 \geqslant h$。需要实地测量苗高度 h 的平均值。中耕机旋转工作部件抛土所产生的功耗占总功耗的一半左右，需通过降低刀片端点切线速度控制功耗，因此辊筒的直径不宜过大。

采用中间传动、两侧辊筒对称布置的方式，左右两辊筒分别用螺栓与中间传动轴固连，这样可确保驱动力矩均衡，提升作业稳定性。

③压缩杆。压缩杆是旋转单体的关键部件，其尺寸设计直接影响装置的工作效率。压缩杆长度需严格控制，如图 4-5 所示，主要参数为杆长 l_3、杆直径 d_2 及杆头长 l_4。根据碎土装置作业要求，杆长需满足 $D/2 < l_3 < D$（D 为辊筒直径）。基于结构强度与传动效率考量，压缩杆直径需满足 $d_2 < w$（w 为碎土刀宽度），同时过小的直径会减少其与凸轮轴的接触面积，使装置运行不稳定。根据设计要求，杆头长度应大于弹簧长度。

④凸轮轴。由旋转单体工作原理可知，凸轮轴结构尺寸对装置作业性能影响较大，合理设计凸轮轮廓曲线可有效提升装置的减阻效果。采用解

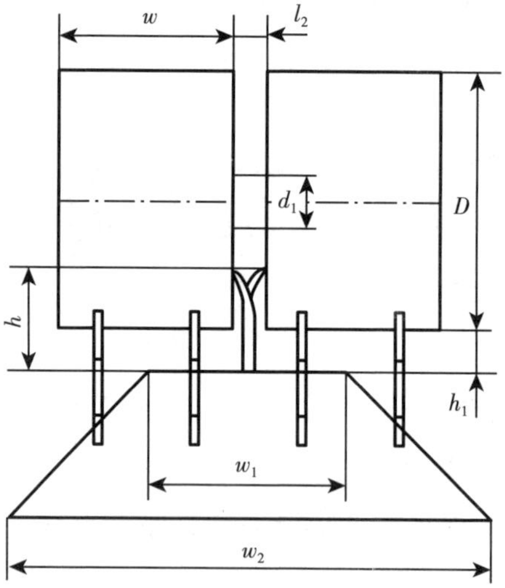

图 4-4　辊筒结构示意

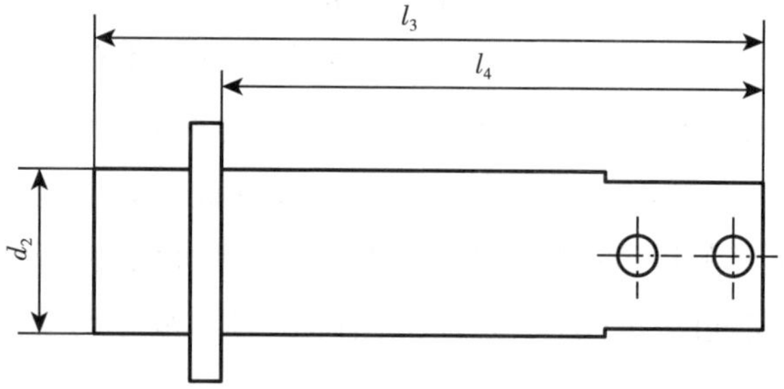

图 4-5　压缩杆结构示意

析法设计凸轮轮廓曲线，根据旋转单体作业要求合理分配凸轮运动角；根据装置整体尺寸设计要求，确定凸轮的基圆半径并选择合适的凸轮运动规律；建立凸轮轮廓曲线数学模型，将相关参数代入，得到合理的轮廓曲线。

a. 凸轮运动角及最大推程确定。为了增强装置的切割和减阻效果，需延长碎土刀伸缩运动时间，因此应增大凸轮推程与回程运动角。同时为了使碎土刀作业更加平稳，可将凸轮设计成对称机构，凸轮推程运动角为120°，回程运动角为120°，近休止角为60°，远休止角为60°。根据蒋建东等的仿真结果可知，振动型土壤耕作机械的振幅在0～15mm，增大振幅可提高减阻效果，但需控制在稳定阈值内。

b. 凸轮基圆半径和从动件运动规律确定。为了使装置结构紧凑，运行高效，凸轮轴基圆半径不宜过大。不同的振动频率对机械装置的减阻性能影响较大，选择正弦加速度运动规律，可降低振动冲击并优化减阻性能。

c. 凸轮轴长度。由于凸轮轴与辊筒同心装配，为了使装置空间结构更加紧凑，凸轮轴长度应满足 $L=$（1～1.2）w。w 表示碎土刀宽度。

⑤弹簧。旋转单体振动减阻原理表明，凸轮推程驱动碎土刀外伸，回程依靠弹簧弹力回缩，从而依次作伸出—回缩动作，形成振动切削。弹簧参数直接影响碎土刀回缩时序，需通过运动规律计算与预试验协同优化。根据压缩杆结构设计，弹簧中径 23～40mm，弹簧自由长度 40～60mm。选取 5 种相同材料（65Mn）的弹簧，其具体参数如表 4-1 所示。

表 4-1　弹簧参数

材料直径（mm）	弹簧中径（mm）	弹簧刚度（N/mm）	圈数
3.0	20	5.4	18.0
3.5	22	8.6	16.0
4.0	25	13.2	12.5
4.5	28	17.8	10.5
5.0	30	21.0	9.5

综上得出以下结论：利用振动减阻技术优化旋转中耕机关键部件，弹簧—凸轮机构实现振动切削，有效降低了旋转中耕机的作业功耗。

2.1.2　锄铲式中耕机

（1）基本结构。中耕机组一般由一个通用机架、若干组仿形机构和模块化工作部件等组成。即在一根主梁上安装中耕机组，根据苗期生长的不同要求，换装除草铲、通用铲、松土铲、培土铲等工作部件，也可集成播种、施肥功能，具有通用性强、结构简单、成本低的特点。中耕机械的基本结构如图 4-6 所示。常用中耕机械主要性能如表 4-2 所示。

通用机架将拖拉机与工作部件连接在一起构成中耕机组。仿形机构用于连接机架横梁和工作部件，带动工作部件随地面起伏自适应调节，保证作业深度稳定。除草铲、松土铲、培土铲等模块化工作部件可满足作物苗期不同管理需求，达到一定的作业目的。

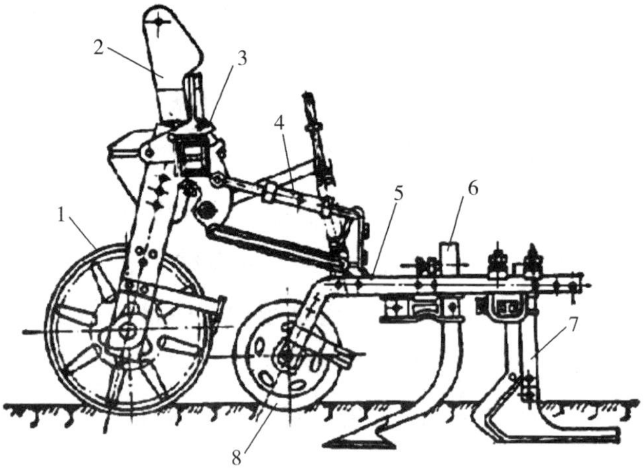

图 4－6　中耕机械基本结构示意

1. 地轮　2. 悬挂架　3. 方梁　4. 平行四杆仿形机构

5. 仿形轮纵梁　6. 双翼铲　7. 单翼铲　8. 仿形轮

表 4－2　常用中耕机械主要性能

型号	结构	主要性能参数
3－ZF－2 中耕追肥机		配套动力为 25.7kW，外形尺寸为 1 650mm×2 050mm×1 540mm；结构质量为 340kg，与动力联结方式为标准三点悬挂，作业行数为双行；适应行距为 1 100～1 300mm，作业深度为 30～80mm；工作效率为9～15 亩/h
3ZF－9 中耕追肥机		配套动力为 88.2～117.6kW，外形尺寸为2 000mm×6 600mm×1 500mm，结构质量为 1 600kg，工作位置苗行通过间隙为 300mm，运输间隙为 300mm，工作幅宽为 5.4～6.3m，施肥开沟器型式铧刀式

（续）

型号	结构	主要性能参数
五征 3ZM－4 中耕机		配套动力≥66.2kW，工作行数为 4，工作幅宽为 3 600mm，外形尺寸为 2 740mm×3 945mm×1 520mm，耕深稳定性≥80%；垄高合格率≥75%，碎土率≥65%；使用可靠性≥90%

（2）中耕机的主要部件。

①除草铲。除草铲主要用于作物行间除草、松土作业，有单翼铲和双翼铲两种形式。单翼铲由倾斜铲刀和垂直护板两部分组成。倾斜铲刀用于锄草和松土，铲刀刃口与前进方向成 30°夹角，铲刀平面与地面的倾角为 15°；垂直护板防止伤根、断苗及覆土压苗。单翼铲安装在中耕单体两侧，垂直部分靠近苗株，翼部伸向行间中部。双翼铲由双翼铲刀和铲柄组成，左右翼后掠角度对称，切断草根能力强而碎土能力较弱。通常置于行间中部，与单翼铲协同完成除草作业。

②松土铲。松土铲主要用于作物行间深层松土（16～20cm），不翻动土层，利于蓄水保墒和促进根系发育。由铲头和铲柄两部分组成，常见类型有箭形松土铲、凿形松土铲、尖头松土铲和铧形松土铲等。箭形松土铲铲尖呈三角形，与铲柄铆接，工作面为凸曲面，阻力比较小。箭形松土铲作业后沟底平整、土壤松碎。凿形松土铲铲尖与铲柄可一体成型或用螺栓连接，结构简单，松土深度 18～20cm。尖头松土铲铲尖单独制成，两头开刃，磨损后可调头使用。铧式松土铲铲尖呈三角形，工作面为凸曲面，翼部向后延伸较长，适合东北垄作地松土。

③培土铲。培土铲（器）用于根部培土、开沟起垄，也可用于灌溉或排水。培土器种类较多，主要类型有曲面可调式培土器、旋转式培土器、锄铲式培土器和铧式培土器等。铧式培土器由三角形铧、分土板和可调开度的对称培土板构成。工作时，铲尖切开土壤，使之破碎并沿铲面上升，土壤升至分土板后继续被破碎，由培土板培至苗行两侧。旋转式培土器由类似圆盘耙的球面圆盘组成，将两个圆盘凹面相向或相反安装，通过调整圆盘安装方向实现闭垄或开垄培土作业。

④仿形机构。中耕机需在地表起伏条件下保持稳定的耕深，要求工作部件随地面起伏自适应浮动，以保持其相对于地面的高低位置不变，从而获得均匀一致的入土深度。通过设置仿形机构即可实现这一要求。现有中耕机上应用的仿形机构主要有单杆单点铰连式仿形机构、平行四杆仿形机构和多杆双自由度仿形机构等类型。

a. 单杆单点铰连式仿形机构。工作部件通过拉杆与机架单点铰链，依靠辅助弹簧压力和自重入土。该机构结构简单，能适应地表起伏，但工作部件绕铰接点转动时，入土角会发生变化，导致耕深波动。

b. 平行四杆仿形机构。采用平行四杆机构连接中耕单体与机架，仿形轮随地形升降时带动工作部件同步运动，保持入土角恒定。平行四杆仿形机构适宜在地表起伏不大的田地上作业，耕深由仿形轮控制。但当仿形轮遇到局部地表剧烈起伏或坚硬土壤时耕深稳定性下降。

c. 多杆双自由度仿形机构。利用五杆机构实现双自由度运动，工作部件与仿形轮固结并与四杆机构末端铰接，依靠仿形轮和工作部件的后重控制耕深和入土角。该机构结构复杂，但耕深稳定性好，适用于坚硬土壤或阻力剧烈变化场景。

目前，国内中耕机械存在品种单一、机型同质化、系列化缺失等问题，缺乏专业化科研团队与定点生产企业。未来需重点研发粮棉作物行间中耕追肥机、播前破板结全面中耕机、果园（茶园）专用中耕机系列。同时，配套开发高离地间隙拖拉机，推动田间管理机械化升级。

2.2 中耕机的选择、使用维护及保养

2.2.1 中耕机的选择

中耕机选型需综合考虑土壤类型、作物品种、生长阶段及农艺目标。以下为不同土壤类型的选型要点。

(1) 黏土（重壤）。黏土黏性高，易粘附刀具。对于这种土质，中耕机应具备较强的动力和较高的扭矩。刀具应具有较宽的间距和较厚的刀片，防止黏土堆积。黏土排水性和通气性较差，中耕起垄作业可以改善排水、提高地温，建议优先采用起垄中耕。

(2) 沙质土（轻壤）。沙质土质地疏松，对中耕机的动力、扭矩要求

相对较低。刀具可以选择具有较窄间距和较薄刀片的类型，以提高作业效率。沙质土通风性和排水性较好，但保水保肥能力较差，需要选择适当的中耕深度。要根据作物需求、气候条件和土壤状况判断是否对沙质土进行中耕。

（3）壤土（中壤）。壤土是介于黏土和沙质土之间的土壤类型，综合性能良好，中耕机需要具备适中的动力和扭矩。刀具参数介于黏土和沙质土的要求之间。壤土中耕需要根据作物需求及气候条件灵活调整。

（4）石质土。石质土含石块较多，对中耕机的耐用性要求较高。因此，应选择具有强大动力、高扭矩和高耐磨刀具的中耕机。刀具参数应适应石质土的特点，以提高作业效率、保护机器。石质土壤的肥力和土壤结构通常不利于作物生长，进行适当的中耕有助于改善土壤结构，提高土壤肥力。不同作物对土壤的需求和适应性不同。有些作物可能能够在石质土壤中生长，而有些作物可能难以适应。因此，需要根据作物种类判断是否需要进行中耕。在干旱或多风的气候条件下，中耕可以帮助提高土壤保水保肥能力，减轻风蚀的影响。因此，也需要根据气候条件来判断是否需要进行中耕。中耕前需清除直径≥5cm 的石块结合有机肥进行土壤改良。

总之，在决定是否使用中耕机时，需要根据土壤类型、作物需求和农艺目标进行判断。黏土优先选择起垄中耕机沙质土侧重浅耕保墒机型，壤土适配通用型中耕机，石质土需高耐磨专用机型。

2.2.2　中耕机的使用

（1）工作前检查。确认燃油箱柴油、水箱冷却水和齿轮箱润滑油是否充足，不足时及时补充，避免机件损坏或作业中断。

（2）传动系统检查。检查铁轮与摩擦式离合器的操作灵活性，确保无卡滞或异常磨损，修复后再作业，避免安全事故。

（3）过埂操作。过田埂时应离座，低速扶机通过，严禁高速跨越。

（4）异常处理。作业中若机器发出异响，应立即停机排查故障，修复后方可继续作业。

2.2.3　中耕机的维护

（1）中耕机的清洗。一般我们用汽油、柴油或煤油来清洗农机具的油脂、污渍，但造这种方法成本高，不安全、危害身体。推荐采用金属清洗剂替代，其优点包括高效清洁、安全环保、经济节能、清洗质量好。

（2）中耕机的修理。中耕机工作环境恶劣，所以当出现故障时，要选择干净的场地，将中耕机清洗干净后再用专用工具拆装，否则容易损坏机件。清洗所有配件后，按拆卸相反的顺序装配。

2.2.4 中耕机的保养

随着农业的不断发展，中耕机已被广泛使用。当阶段性作业结束后，机器将进入闲置期。此时必须做好养护工作，以确保下次可以正常使用。具体保养步骤如下：

（1）启动发动机低速运转 5min，停机后放尽机油，并加注新机油。

（2）拆下发动机气缸罩上的加油口螺栓，加注 50～100g 机油。

（3）按住发动机减压手柄，拉动反冲启动绳 2～3 次，然后将减压手柄复位，缓慢拉动启动绳至感觉到压缩阻力。

（4）彻底清洁中耕机，停放于干燥、通风的安全场所。

以上 4 点是确保中耕机能够保持良好性能的关键措施，务必在停放期间落实到位。

3 喷药机

喷药机是将水与药液混合后通过压力将液体喷洒到物体表面的农机具，属于农业植保机械中典型的施药设备。

3.1 喷药机的种类及原理

喷药机的基本原理是将水与药液混合后通过压缩空气驱动液体，使其雾化形成雾滴。喷雾系统通常由压缩机、药液泵和电动机组成。当压缩机将空气从进气口吸入后，进入发动机气缸燃烧并排出气体，而活塞则向前移动到喷射装置的出口位置。在这个过程中，压缩机会压缩气体从而推动液体流动。使用喷药机时，需配备药罐车或固定喷雾系统。此外，还可以利用现有的各种过滤器避免堵塞问题。正确使用喷药机有助于提升生产效率和减少浪费。喷药机主要类型包括：自走式喷杆喷雾机、牵引式喷药机、悬挂式喷药机。

3.1.1 自走式喷杆喷雾机

(1) 总体结构。自走式喷杆喷雾机由机架、前桥、后桥、发动机、转向系统、药箱架、驾驶室、药箱、边减箱、液压泵、液压操控系统、药液泵、药液操控系统、喷杆架、喷杆总成、行走轮、导向轮等部分组成（图 4－7）。

图 4－7　3WP－650 型自走式喷杆喷雾机

(2) 工作原理。发动机通过三角皮带将动力传输到变速箱连体后桥，后桥两端上的主动链轮通过套筒滚子链将动力传输到行走驱动轮同一根轴上的被动链轮，实现机组的行走运动；发动机上的三角带轮的另外两个角带槽通过三角带将动力传输给液压泵，实现液压缸的工作动作；变速箱离合器带轮的另外两个角带槽通过三角带将动力传递给药液泵，药液泵将药液从药液箱经过滤器吸入药液泵，加压后经调压阀进入分配阀，并分别进入五段喷杆及回药管，进入喷杆的药液经防滴阀、过滤网，由喷头雾化后喷出。通过调节调压阀的开度，可调控回液搅拌流量和工作压力，工作压力可由分配阀上的压力表读出。

(3) 主要部件。

①功率、速度的确定。根据机组的结构质量、工作速度及功率储备，确定机组的行走功率为 7kW，药液泵的功率为 5.5kW，液压齿轮泵的功率为 7kW（间歇式工作）。发动机选用常柴 L24 型柴油机，标定功率 17kW，额定转数 2 000r/min。

根据农艺作业要求，速度设定为 4～10km/h。采用农用三轮运输车变速箱连体后桥，行走动力传递路线为发动机→变速箱连体后桥→边减主动链轮→边减被动链轮→行走轮。所选用的连体变速箱四个前进挡的传动比分别为39.69、17.4、10.08、6.57，行走驱动轮选用7.5～20人字花纹橡胶轮。

②边减箱滚子链传动。根据行走驱动轮行走速度，选择链轮Z_1、Z_2和传动比i。结合挡位传动比、行走驱动轮尺寸及作业速度需要，确定传动比$i=2$。因链条节数常为偶数且链轮齿数取奇数（均匀磨损），根据《机械设计手册》可知小链轮齿数为15，大链轮齿数为15×2=30。

③传动链节距。根据《机械设计手册》可知小链轮转数100～120r/min，采用16A型链条，节距$t=25.4$mm。根据机体结构设计尺寸，取中心距1 200mm，计算得链条节数为124节。

④三角带传动设计。发动机与变速箱离合器之间的传动为三角带传动，离合器的外径为240mm。根据变速箱的传动比及驱动轮速度，发动机飞轮输出端的三角带轮外径确定为90mm。根据《机械设计手册》可知，四根B型三角带可满足功率传递需要，传动比为2.875。考虑液压泵和药液泵的动力需要，小带轮设计为六槽轮。

⑤机架。考虑到喷药机作业的通过性能，机架的形状设计成门字形，在其上方固定发动机、变速箱及后桥，后桥两端连接边减箱，后方连接平行四杆机构，用于挂接喷杆，机架的中间正前方连接驾驶室，两侧连接前桥，中间两侧安装药箱。根据各部分的重量和尺寸，机架用10号槽钢，后横梁用22号槽钢焊接而成，为减少焊接变形，采用二氧化碳气体保护焊分段焊接，并进行整体退火处理。

⑥液压系统。喷药机上的液压元件包括液压泵、操纵阀、喷杆升降油缸、喷杆折叠油缸、转向油缸、全液压转向器等。

根据系统流量需求，液压泵选用CBN-310E型齿轮泵，两支喷杆桁架升降液压缸选用ZGI-E25×500型油缸，四只桁架折叠液压缸选用ZGI-E20×250型油缸，转向液压缸选用SGI-E22×200型油缸，全液压转向器选用BZZI-E100C型，三路操控阀选用ZSI-L20E型。

自走式喷杆喷雾机结构新颖、工作可靠，是防治玉米等作物病虫害和对高秆作物喷施叶面肥料的理想机具，具有作业效率高、购置成本低、投资回报率高等优点，适合农村现阶段经济水平。

3.1.2　牵引式喷药机

约翰迪尔（John Deere）开发的 R732i 和 R740i 两款牵引式喷药机凭借创新设计与智能技术，成为现代农业精准施药高效装备。两款机型分别配备 3 200L 和 4 000L 药箱，支持 18～30m 可变幅宽喷杆结合先进的 PowrSpray 双回路系统，提高了作业效率与药液利用率。

PowrSpray 在单独的回路上有两个液压驱动泵。自吸式罐装泵在 7min 内以 600L/min 的速度向溶液罐加注，而 750L/min 的喷雾泵则可提供高产量和出色的喷雾精度。有了这个系统，喷雾压力调节器就省去了。相反，直接速度控制可以通过调整泵的速度来响应喷雾速度或目标施药量的变化。快速响应时间通过负载感应液压泵驱动器来实现。

两种新型喷药机都可以配备独立的喷嘴控制系统。产品其他的功能包括新的多功能控制杆和 Solution Command 操作中心。这些功能都使用户能够更轻松、更舒适地控制喷药机。除了标准的集成显示屏外，R700i 系列喷药机还支持 ISOBUS 系统，可与拖拉机的 GreenStar 4240 和 4640 显示屏一起使用。因此，所有精准农业相关的应用程序均可顺利应用，例如 Section Control 区段控制、AutoTrac 自动转向和 AutoTracVision。

使用无线数据传输，可以使应用程序数据在机器和农场办公室之间交换，甚至可以与第三方共享。使用此基于云端的平台，农民可以访问和管理与其喷雾应用程序相关的所有数据和文件，甚至 ISOXML 数据文件现在也可以在 MyJohnDeere. com 运营中心中使用。此外，借助相关的 My-Operations（我的应用程序），无论身在何处，用户都可以在任何支持联网的设备上管理其数据。

新型 R700i 系列牵引式喷药机也可提供封闭式传输系统（CTS）备选配置。该配置支持便捷连接喷药机药液填充系统与外部封闭传输管道，避免人员直接接触植保液，从而最大程度保障作业人员安全。

3.1.3　悬挂式喷药机

（1）整体机构。悬挂式喷药机与配备有后置动力输出轴及液压泵的 134kW 拖拉机配套作业，通过三点悬挂装置与拖拉机液压提升系统连接。适用于大面积田间农作物如玉米、花生、小麦、马铃薯及大豆等病虫害防治，可喷洒液态肥和化学药剂等。该型号喷药机支架系统主要由龙门架、升降架、喷杆架机构、喷杆折叠机构组成。采用可折叠的喷杆机构作为喷药装置，由拖拉机动力输出轴带动喷洒作业。结构如图 4－8 所示。

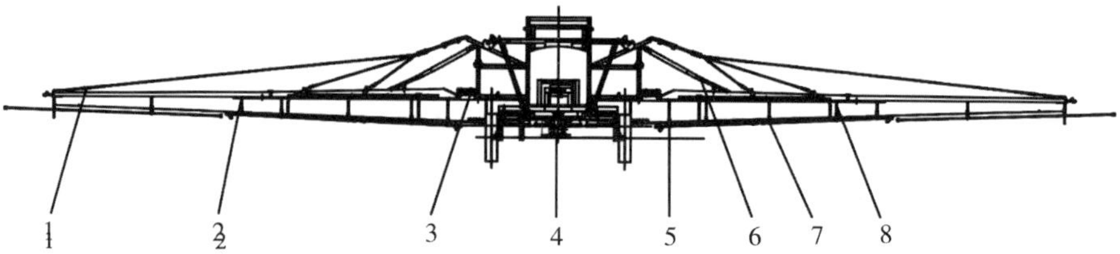

图 4－8　悬挂式喷药机总体结构

1. 边喷架　2. 侧喷架　3. 减压弹簧　4. 升降装置　5. 主喷架　6. 液压系统　7. 喷头　8. 支架

（2）工作原理。喷药作业时，药箱需注满药液。拖拉机动力输出轴通过传动装置驱动液压泵，药液经过预过滤后进入泵体加压。通过调压阀调节系统压力，由 5 位阀门组分别操控 5 段喷杆启闭。喷杆喷架装置通过液压升降及折叠机构实现高度调节与展开，提升至设定作业高度后锁定。经调压后的药液依次经过滤网、防滴阀等精密过滤装置，最终由扇形喷头雾化喷出。喷杆折叠采用关节式结构，通过液压油缸驱动钢索链条联动，确保作业时喷杆平衡稳定。

（3）主要技术参数。根据喷药技术规范及规模化作业需求，确定悬挂式喷药机支架系统的主要参数如表 4－3 所示。

表 4－3　喷药机主要技术参数

名称	参数
药箱容量（L）	1 500
药箱材料	玻璃钢、聚乙烯
喷幅（m）	15
配套动力（kW）	73.5
喷杆	5 段液压折叠
喷杆升降离地高度（m）	0.6～0.8
搅拌	回液搅拌
喷头	扇形雾、喷雾角 110°

（4）主要工作部件。

①喷杆桁架。根据喷雾机喷杆幅宽的相应要求，设计喷雾机喷杆为 5

段式对称结构，主框架与中间架相连，左右对称各 2 段，包括中央喷架、大展臂喷架、小展臂喷架。左右大展臂喷架分别与中央喷架铰接，左右小展臂喷架分别与大展臂喷架铰接，有效喷幅 15.0m，喷杆结构宽度也为 15.0m。高度调节范围在 0.6～0.8m，喷架选用 30mm×50mm×5mm 无缝钢管（DN100）焊接而成。喷杆桁架装置通过底座安装在机架上端，中央喷架喷杆通过固定销轴与升降装置连接。中央喷架和大展臂喷架的两侧分别设置了折叠液压装置，大展臂喷架与连接杆铰接，中央喷架和大展臂喷架通过液压装置的往复运动实现折叠。大展臂喷架两端末尾分别设置了折叠液压装置。小展臂喷架和连接杆连接，小展臂喷架与大展臂喷架之间通过液压装置的往复运动实现折叠。

②升降装置。依据小麦、玉米、水稻等农作物种类及生长周期差异，要求悬挂式喷药机的喷药系统可实现竖直高度调节，以适应不同株高需求。如图 4－9 所示，机架后部安装单组升降装置，由多根无缝钢管焊接成滑道结构。喷杆桁架与机架通过销轴连接，连接架平稳固定在滑道内，通过液压油缸驱动实现往复运动，以此来实现喷杆垂直调节（0～70mm）。

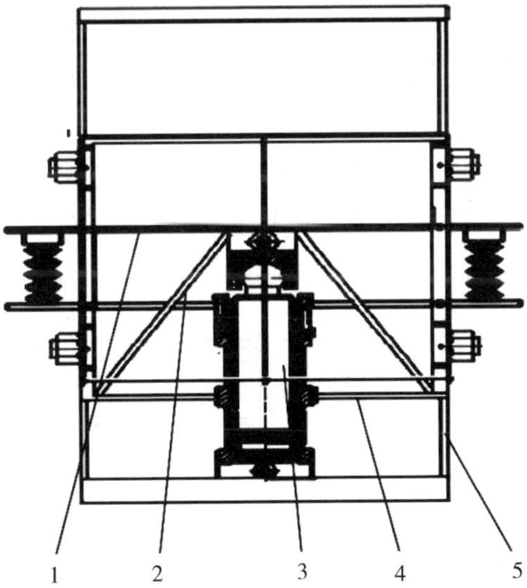

图 4－9　升降装置

1. 喷杆桁架　2. 连接架　3. 液压装置　4. 滑道　5. 支架

③喷头。悬挂式喷药机的喷头选用扇形喷头。扇形喷头具有流量范围

大、角度适中、雾化效果好等特点，广泛用于悬挂式喷药机中。多个喷头沿喷杆以等间距依次排开，能够形成均匀的喷洒效果。悬挂式喷药机整体采用国外先进防滴漏扇形喷头，喷雾角为 110°，喷雾压力为 0.2～0.5MPa，单喷头标配流量控制阀。扇形可防滴喷头装置包括进水口、出水口、喷嘴、膜片、膜片座和弹簧。药液在压力的作用下从喷杆进入喷头，经进水口流入膜片，撞开膜片后克服弹簧的压力流入出水口，最终流进喷头处经过雾化喷出。当药液压力低于弹簧的临界压力值时，膜片就会在弹簧的压力作用下封堵出水口，使整个管道处于封闭状态。扇形可防滴喷头装置可在药液喷洒完成后，防止药液滴漏和回流，可减少药剂浪费，降低了生产成本，并防止对环境造成二次污染。

④防反弹机构。为了防止大展臂喷架和小展臂喷架折叠后出现的反弹现象，在大展臂喷架和小展臂喷架的铰接点处设计了一个机械限位装置。在小展臂喷架铰接点的底部应用钢板固定，然后在大展臂喷架的铰接点底部安放一段直管。每当小展臂喷架处于展开的状态时，钢板会随着小展臂喷架的旋转转到大展臂底部的直管处并形成机械锁止，用来限制小展臂喷架的自由转动。

⑤喷药机喷架的尺寸选择。通过计算与分析选择如下尺寸对喷架进行设计：主喷架（图 4－10）选用 60mm×60mm×5mm 的无缝钢管（DN100）焊接，中央部位采用 60mm×100mm×5mm 的无缝钢管（DN100）焊接支柱连接。主喷架的两侧对称排布加强筋结构，主喷架的幅宽为 3m。

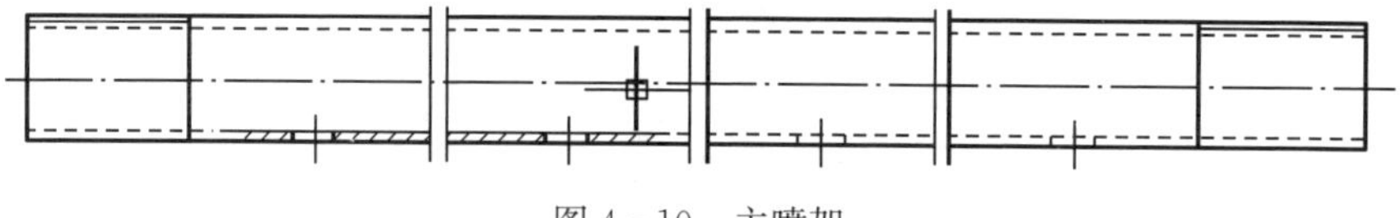

图 4－10　主喷架

侧喷架（图 4－11）对称排布于主喷架的两侧，选用 50mm×60mm×5mm 的无缝钢管（DN100）焊接。侧喷架中央部位采用 50mm×50mm×5mm 的无缝钢管（DN100）焊接支柱连接，侧喷架幅宽为 3m。

边喷架（图 4－12）对称排布在侧喷架两侧，喷杆选用 50mm×60mm×5mm 的无缝钢管（DN100）焊接。边喷架中央部位采用 50mm×50mm×

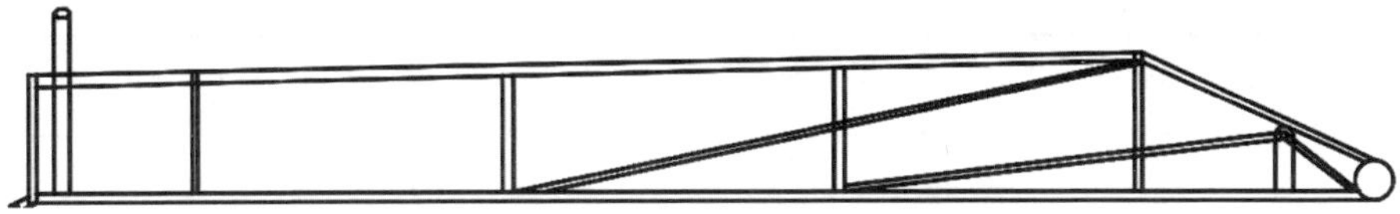

图 4-11　侧喷架

5mm 的无缝钢管（DN100）焊接支柱连接，边喷架幅宽为 3m。

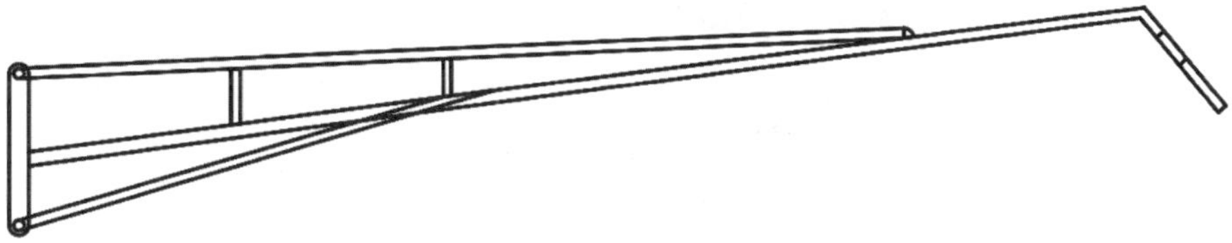

图 4-12　边喷架

悬挂式喷药机能够针对不同的农作物，通过动态调节喷杆高度适配不同作物株高需求。该设计为高秆农作物及规模化种植作物生长中后期病虫害防治提供了可靠的技术保障，有效解决了传统机具后期无法作业的难题，对推动施药全程机械化进程具有积极意义。常用喷药机及主要参数如表 4-4 所示。

表 4-4　常用喷药机及主要参数

型号名称	图片	主要性能参数
R4030 自走式喷雾机		最大额定功率为 209kW，油箱容量为 6.8 升，容量为 3 000，过滤器 20 目，压力过滤器 50 目，喷杆过滤器 80 目，喷杆宽度 27m、30m、36m，地面高度调节 50～245cm，拆开长度 3.3m，液压油箱容量为 98.4 升，喷施速度为 32km/h，行驶速度为 48km/h
华玺 3WPX-800 打药机		配套动力为 55hp，液喷头数量为 37，药箱容量为 800 升，工作地隙为 0.5m，喷药高度为 0.5～1.0m，运输外形尺寸为 4 200mm×1 800mm×1 500mm，作业外形尺寸为4 600mm×1 850mm×2 100mm，作业速度为 6～8km/h，作业效率为 120 亩/h，结构质量为 600kg

（续）

型号名称	图片	主要性能参数
3WP-650 型喷药机		结构形式为自走式，外形尺寸为 4 100mm×2 280mm×2 850mm，药箱容量为 650 升，工作压力为 0.5～1.5MPa，喷头型式为圆锥、扇形，升降机构为自动，折叠机构为自动，喷杆长度为 15.6m，配套动力为 17.7kW
3WSH-1000 型喷药机		外形尺寸为 3 150mm×2 400mm×2 340mm，重量为 800kg，喷洒幅度为 10m，喷洒工作压力为 0.4～0.6MPa，轮距为 1.18m，轴距为 1.3m，配套动力为双缸风冷四冲程汽油机标定功率（ps/rpm）22/3 600

3.2 喷药机的使用维护及保养

3.2.1 喷药机的正确使用方法

（1）作业前，需全面检查安全防护装置，确保功能正常。

（2）操作时，必须穿戴防护装备，避免药剂接触皮肤或吸入。

（3）作业前，需确保喷雾机水平度，确保稳定作业。

（4）喷雾方向应与风向保持 15°～30°夹角，避免药液飘移影响他人或作物。

（5）严格按农药标签说明配比药液浓度，防止过量施用造成环境污染。

（6）作业结束后，需立即用清水循环冲洗管路系统，清除残留药液。

3.2.2 喷药机的维护及保养

（1）每日作业后检查喷头雾化状态，发现堵塞或漏滴需立即拆卸清洗或更换。

（2）过滤器需每日清洗，尤其是在使用池塘水时，由于含有较多的杂质，很容易堵塞过滤器。建议加装二级过滤装置。

（3）定期检查管路密封性，发现泄漏需及时更换密封件。

4 地膜回收机

农用地膜覆盖地面栽培，简称“地膜覆盖”，又称“护根栽培”或“促根栽培”。该技术于20世纪50年代首先由日本首创并应用于草莓生产，随后被迅速推广应用到其他作物栽培领域。相比于日本及欧美发达国家，我国地膜栽培技术起步较晚，始于20世纪50年代的小拱棚育秧。通过科研院所和企业协同攻关，研发出系列专用铺膜机械，实现了农艺、地膜与机械的协同适配，为技术推广提供了装备保障。国家统计局资料显示，2008年我国地膜使用量达117.8万吨，较1991年增长4倍，年均增长率为7.9%；地膜覆盖面积高达1 561.3万公顷，较1982年增长133倍，年均增长率达19.9%，两项指标均居全球首位。

地膜覆盖技术通过增温保墒、改善土壤理化性状、提升地力，显著提高作物产量，给农民带来巨大的经济效益。但随着使用面积扩大与年限增长，农田地膜残留量持续攀升。我国农用地膜主要以聚乙烯、聚丙烯为原料，其在自然环境中降解周期超200年，大量地膜残留物对农田生态系统与农业可持续发展构成威胁。

（1）对农田土壤的影响。地膜残留物对农田土壤的不利影响主要表现在其对土壤物理结构与生化功能的改变。持续积累的残膜在耕作层形成物理隔离层，阻断了水分与氧分传输，并大大降低土壤的孔隙率。生化层面，残膜抑制土壤微生物群落活性，使有机质矿化速率降低，最终造成土壤肥力下降。

（2）对农作物的影响。残膜导致土壤孔隙率不断下降，作物苗期根系发育受阻：发芽率下降、根系下扎深度减少、水分利用率降低。严重时会导致作物大规模减产。

（3）对动物的影响。由于我国部分地区会在主要粮食作物收割后将农田作为各类家禽家畜的暂养地，家禽家畜啃食田间杂草或遗留的秸秆根茬时，很可能会误食地膜碎片，长期摄入会导致胃石症发病率升高、营养吸收障碍，严重时会引发肠道梗阻（致死率3%）。

残膜长期滞留导致土壤渗透率下降，微生物活性降低，形成“白色污染”。研制高效地膜回收机可提升揭膜效率，对保护环境具有重要意义。

花生中耕期除膜具有显著优势：地膜未完全老化、膜土附着力低、除膜效率高、残膜回收率高。该作业可避免收获期残膜堵塞机械，为后续机械化收获创造条件。

4.1 几种典型苗期地膜回收机

苗期揭膜是在浇头水前揭去地膜，此时揭膜作业阻力低。该操作便于后续中耕、施肥及灌溉作业，适用于灌溉条件较好的地区。

4.1.1 悬挂式 MS－2 型玉米苗期收膜中耕联合作业机

（1）机具结构。玉米苗期收膜中耕联合作业机结构简图如图 4－13 所示。垄作机型采用双行设计，工作幅宽 1.4m，每行配有两个卷膜轮，每个卷膜轮上装有挑膜齿，挑膜齿成弯曲形，每个卷膜轮后部安装起膜铲协助收膜，在两卷膜轮之间，靠近苗行的一侧安装一块护板，板的前部有导禾作用，后部下边缘装有切膜刀，用于切膜。每行有两把松土铲，安装在垄行两侧，用于疏松压膜土。

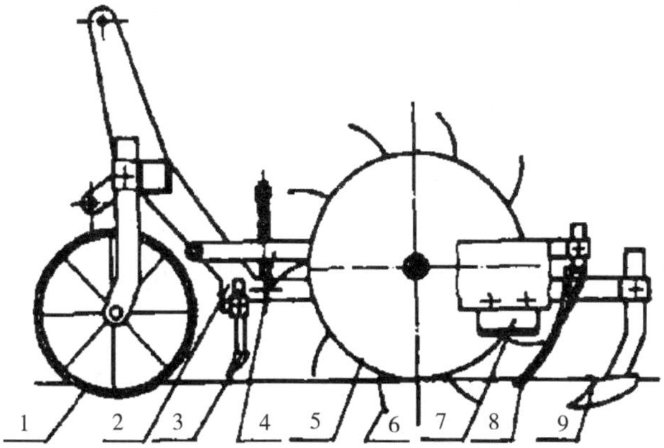

图 4－13 MS－2 型玉米苗期收膜中耕联合作业机

1. 行走轮 2. 机架 3. 松土器 4. 仿形架 5. 卷膜轮 6. 挑膜齿 7. 切膜刀 8. 起膜铲 9. 犁铧

机具有两种装配形式，一种适于 70cm 垄作要求，工作幅宽 1.4m，机器上装有 4 个卷膜轮，可双行作业，如图 4－14（a）所示；另一种适于 1.4m 大垄双覆，机器上装有 3 个卷膜轮，一次收一大垄，为单行作业，如图 4－14（b）所示。两种配置尾部均可集成中耕犁铧，实现收膜中耕联合作业。

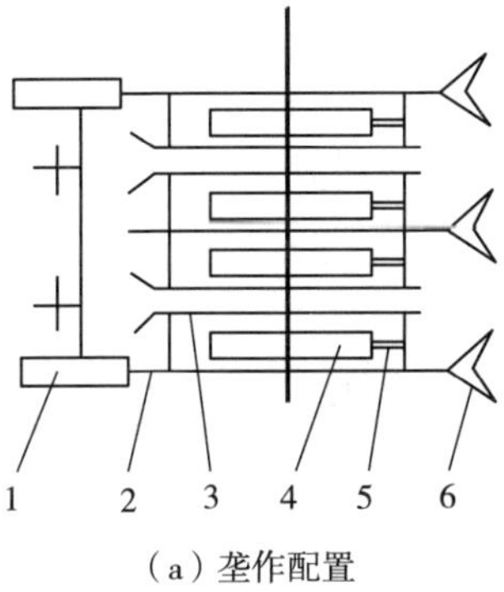

图 4－14　机具配置

（a）1. 行走轮　2. 机架　3 护板　4. 卷膜轮　5. 起膜铲　6. 犁铧

（b）1. 切膜刀　2. 行走轮　3. 卷膜轮　4. 机架　5. 护板　6. 犁铧

（2）机具工作原理。作业时，松土铲先行破除垄侧压膜土，两个卷膜轮沿垄帮向前滚动，依靠挑膜齿将膜挑起，切膜刀沿苗行将地膜切开，卷膜轮将残膜卷绕在轮上，待卷绕一定厚度（30～40mm）之后，人工卸膜。起膜铲与卷膜轮协同作业，仿形架确保凹凸垄面适应性。

（3）卷膜轮结构及其配置。收膜机应在尽量减少伤苗率的条件下提高收净率，因此拾膜部件与卷膜轮工作时，首先要求拾膜可靠，工作阻力小，避免伤根；其次，在卷膜过程中，卷膜轮要与作物植株保持适当间距与倾角，以减少伤苗率和提高收净率；最后，卷膜轮的设计还应使卸膜方便。

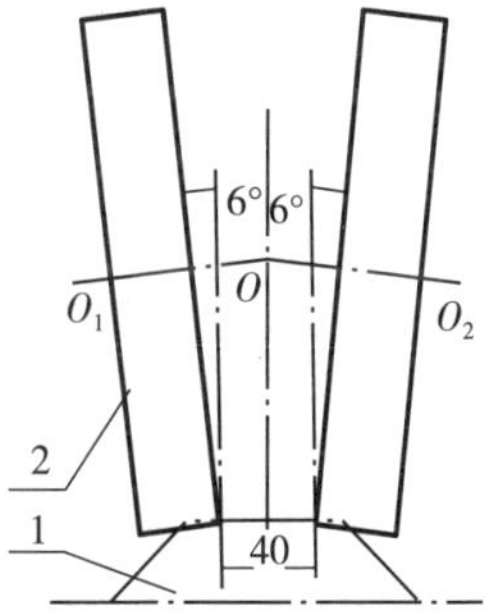

图 4－15　卷膜轮配置示意

1. 垄形　2. 卷膜轮

每个卷膜轮与垂直面呈 6°倾角，如图 4－15所示，该设计可实现未完全切开地膜时强制撕裂分离。同时通过倾角产生的离心力促进土壤及杂物自动脱落，增加卷膜量，防止损伤作物，提高挑膜效率。

综上得出结论：

（1）MS－2 型玉米苗期收膜中耕联合作业机是一种复式作业机具，

试验表明，机具工艺原理及结构设计合理，成本低，技术可靠。

（2）MS-2型玉米苗期收膜中耕联合作业机具有随动式卷膜轮，集成捡拾、运输、收集三大功能，通过垄侧倾角配置，有效解决传统机具壅土问题。

（3）机器兼容70cm标准垄与1.4m大垄双覆盖两种作业模式，可同步完成中耕作业，提高了机器的通用性。

4.1.2 MSM-3型苗期地膜回收机

（1）主要机构。该机由悬挂主梁、机架、起膜轮、起膜导轨、送膜叶轮、卷膜辊、行走地轮、传动链轮和收边膜装置等主要部件组成（图4-16）。

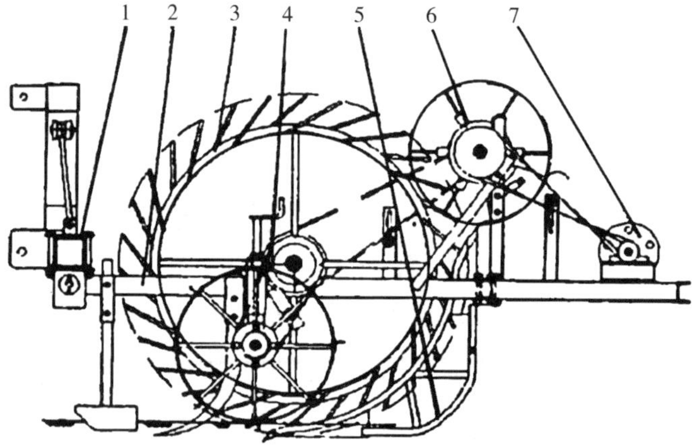

图4-16 MSM-3型苗期地膜回收机

1. 悬挂主梁 2. 机架 3. 起膜轮 4. 地轮 5. 起膜导轨 6. 送膜叶轮 7. 卷膜辊

（2）工作原理。拖拉机牵引机具前进，刮土装置清除垄侧覆土，松土铲将边膜挑离地表。起膜导轨入土5～6cm将地膜挑起。起膜轮齿刺入膜体，随机具滚动将膜沿导轨向后上方输送至送膜机构。送膜叶轮驱动卷膜辊转动，实现整幅膜平整连续卷绕。当卷膜辊负载达到设定值时，停机卸膜并更换空辊，实现连续作业。

（3）主要工作部件。

①起膜导轨。采用钢管弯曲成型对焊，结构设计在保证刚度的前提下，较传统设计质量降低，制造成本减少，工艺成型方便。

②起膜轮。采用钢管围成圆圈对焊成型，既保证了技术性能，减少了

焊接变形，又简化了成型工艺，降低了成本。起膜轮齿焊接在轮缘上，头部倒圆，变形量小，拾膜可靠。

③地轮。采用钢板围成圆圈对焊成型，外焊轮爪，增加了对地面的附着力。通过调节丝杠，可上下调节地轮高度，达到机具与地面的良好仿形效果，提高了作业质量。

④送膜叶轮。以运输皮带为材料制成六叶轮向后送膜，质量轻，制作工艺简单，故障少，质量可靠。

⑤卷膜辊。核心创新为采用卷膜辊主动收集废膜，卷膜辊由 5 根钢管均匀组成圆周。经过多次改进设计，实现了装卸灵活，保证了使用的可靠性。回收的废膜类似织布整幅成卷，弥补了传统机具废膜回收生产率低、故障多的缺陷。

（4）MSM－3 型苗期地膜回收机的优点。

①刮边膜压土—起膜—送膜—卷膜—卸膜卷。这种残膜回收工艺合理，能回收我国目前生产中普通使用的薄膜且残膜比较完整，回收率高。

②总体设计新颖，结构紧凑，地轮传动，工作可靠，不会产生撕断膜或停滞现象。用管材或型材制成的单铰整体式机架、滚齿式起膜轮、起膜导轨、鼠笼式送膜叶轮和卷膜辊，重量轻，制造成本低，使用维修方便。

③适应性好。经过调整，能用于棉花宽膜种植不同栽培模式的地膜回收。

④与送膜叶轮反向转动的准同步式卷膜装置，在卷膜过程中，膜面上的泥土、杂草、杂物被抛出，膜卷干净、紧密，不需要再打包，不会造成二次污染，便于运输和再生利用。

4.1.3　JM－1 型地膜回收机

该机是一种集中耕、残膜回收作业为一体的联合作业机具，主要用于棉花头水前地膜回收作业和棉花中耕作业。

（1）主要机构。该机主要由机架、地轮、传动系统、卷膜部件、单翼铲、双翼铲、顺梁、调节横梁等组成（图 4－17）。

（2）工作原理。作业时，人工将棉行地膜预分成 3 条（两边膜＋中间膜）并初步拉起，分别缠绕至 3 组卷膜轮上。地轮通过链条将动力传递至卷膜轮上的主动摩擦盘，使之旋转。卷膜轮上的压紧弹簧将被动摩擦盘和

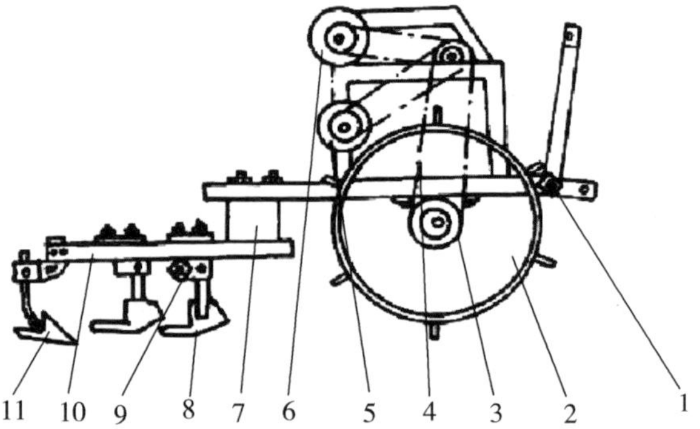

图 4-17　JM-1 型地膜回收机结构

1. 机架总成　2. 地轮总成　3. 链轮　4. 链条　5. 边卷膜轮　6. 中间卷膜轮　7. 连接支座　8. 单翼铲　9. 调节横梁　10. 顺梁　11. 双翼铲

主动摩擦盘结合在一起，随之转动的膜卷线速度略大于或等于机具的前进速度。由于设置有压紧弹簧和摩擦盘，主动摩擦盘和被动摩擦盘间存在一定余量的相对滑动，从而保证了膜卷直径增大时对地膜有持续的拉力且不将膜拉断，以利于机具正常工作。当卷膜轮卷满地膜时，取下其一端的挡盘即可卸下膜卷。

中耕作业时，通过更换双翼铲、单翼铲、开沟培土器等可实现多功能作业。苗期地膜回收机及主要参数如表 4-5 所示。

表 4-5　苗期地膜回收机及主要参数

型号名称	主要技术参数
4～150 齿链式悬挂收膜机	作业宽幅为 180cm，配套动力为 40.4kW，挑膜深度为 3～5cm，收膜率≥80%，作业速度为 3～5km/h
MSM-1 型齿轮式收膜机	作业宽幅为 180cm，配套动力为 12.5kW，挑膜深度为 5～6cm，收膜率≥80%，作业速度为 3～6km/h
MSM-3 型齿轮式收膜机	作业宽幅为 540cm，配套动力为 40.4kW，挑膜深度为 5～6cm，收膜率≥80%，作业速度为 3～6km/h
4CJ-3 型悬挂齿轮式收膜机	作业宽幅为 540cm，配套动力为 40.4kW，挑膜深度为 5～6cm，收膜率≥90%，作业速度为 3～6km/h

4.2　目前地膜回收机存在的问题

（1）复式作业能力不足。现有机具多为单一功能设计，需多频次进地作业，导致土壤压实度增加，不利于土壤保水保墒。苗期揭膜技术不完备，残膜影响后续作物生长。

（2）作业经济性差。使用机械清理残膜部分成本过高、能源消耗大、机具稳定性差以及使用不便等问题比较突出。

（3）环境适应性受限。地膜回收机在不同地区、气候条件下，针对不同农作物以及农田土壤环境使用效果不同，存在适应性低等问题。

4.3　地膜回收机的使用维护及保养

4.3.1　地膜回收机的使用

（1）作业前操作规范。

①作业前检查各零部件有无损缺，安装连接是否紧固。检查润滑情况，在机具的转动部件处适当加入润滑油，使转动灵活，减小摩擦，降低噪声。

②使用前检测各转动轴，清理传动系统缠绕物，检查安全防护装置。

③使用前进行5～10分钟空转测试，检查有无卡滞、异响等，检查安全防护是否可靠。

（2）田间作业操作规程。

①驾驶员须持G类拖拉机驾驶执照，熟悉主机的各项操作，并严格遵守安全操作规程。初次接触机具的驾驶员，技术人员应对其讲解机具的操作要领和操作程序，使其熟悉机具的构造及工作原理。

②作业地块平整度误差≤50mm（《NY/T 1220—2023》），土壤含水率在15%～22%（沙质土≤18%），农作物秸秆根茬、杂草高度≤30mm。

③作业深度按土壤类型调整：沙壤土50～80mm，壤土80～100mm，黏土100～120mm，以确保收净率≥90%。

④按说明书要求选择拖拉机作业速度，拖拉机不应超负荷作业。

⑤对不带集膜箱的捡拾机，要注意根据捡拾情况及时清膜，避免残膜从弹齿脱落，造成二次污染，降低作业质量。

⑥作业过程中，应随时注意机具的作业情况，实时监测液压压力、油温，发现紧固件松动立即停机，排除故障。

⑦机具起落应缓慢、平衡，严禁过猛操作，严禁用人体加重迫使机具入土，严禁作业时倒退；在坡地作业时，须慢速行驶；运输时，须低速行驶，并将机具升至最高位，锁紧悬挂机构；停车后应使机具落地支撑，不能长时间处于悬挂状态停放。

⑧作业季结束后，需清洁保养机具。

4.3.2 地膜回收机的维护及保养

（1）农机操作人员按技术要求进行安装调试和操作确保螺栓扭矩、链条张紧度符合设计要求。

（2）每日作业完成后需对转动部位加注润滑脂，指盘顶端等高速区需重点润滑。

（3）要经常检查指盘弹齿磨损量及完整性，发现断裂或缺失需立即更换。

（4）要经常检查悬挂架焊缝，采用磁粉探伤检测开裂焊缝，发现缺陷需补焊。

（5）长期停放时，弹齿和各传动部件需喷涂防锈油，放于干燥通风处并支垫离地≥100mm。

第5章 花生收获机械

1 概述

花生收获是花生生产过程中的重要环节，同时也是目前我国花生生产机械的薄弱环节。随着对花生收获技术的不断研究，现有小型机械的研发已经初见成效，但随着土地流转及土地规模化经营，现有装备不能满足未来大规模生产种植的需求，且相关研究处于起步阶段，研究成果相对落后。

研究开发符合我国国情的花生联合收获装备既是我国花生产业发展的需要，也是提高花生生产机械化水平的关键。同时，应强化机械采收与应用，切实降低农民采收难度。通过政策引导，构建育种、种植、收获、加工花生全产业链发展机制，为乡村振兴和国家粮油安全提供坚实保障。

2 花生收获方法及农业技术要求

由于早期农艺限制及近期机械技术的发展，花生收获方式正从分段式收获向两段式与联合收获转型。典型收获流程为：采用专用挖掘机械完成起垄破土，自然晾晒数日后利用专用机械对花生进行拍打脱荚、振动除杂，最后对秸秆进行打捆收集。但随着花生联合收获机械的发展，一体式收获机也逐渐被推广使用。

2.1 花生收获方式方法

(1) 分段收获。采用多种机械分别完成割、捆、运、堆垛、脱粒和清选等作业的方法称为分段收获法。这种方法使用的机器结构简单，造价较低，保养维护方便，易于推广，但整个收获过程还需大量人力配合，劳动生产率较低，而且收获损失较高。

（2）两段式收获。两段收获是分段收获的一种，此法先将花生带土起垄铺放，经过多日晾晒使含水率降至≤12%后，通过捡拾机完成脱粒、清选。这种方法具有以下优点。

①由于植株在田间晾晒时间充分，花生荚果与果柄连接处较为松脆，相同条件下仅用较小的力便可将果柄拍断，便于后续花生荚果收获。

②植株经过充分晾晒后植茎含水量较低，韧性变低，减少了收获机器的缠绕率，增加了收获机械的使用寿命。

③花生经过充分晾晒，绝大部分籽粒饱满、坚实、色泽一致，提高了花生等级，清洁率较高，显著减轻了晾晒场的负担。

但此法也存在下列缺点：两次进地导致土壤压实度增加，连阴雨天易引发霉变，过度晾晒易导致荚果脱落率增加。

（3）联合收获。联合收获法是指采用谷物联合收割机在田间一次完成挖掘、拍打分离和清选等全部作业的收获方法。这种方法的特点是：提高了生产效率，减轻了劳动强度，有利于抢农时，降低了收获损失。但存在以下局限：联合收割机的结构复杂，造价较高，每年使用时间短，收获成本较高，还要求有较大的田块和较高的管理与使用水平。另外，由于花生植株没有进行晾晒，果柄的含水量较高、韧性较强，不利于荚果收获。同时，由于田间泥土的含水量较高，附着性较强，影响花生表面质量，提高了花生的含杂率。

2.2 花生收获的技术要求

花生收获的农业技术要求是花生联合收割机设计的核心依据。由于我国花生种植面积广，种类繁多，而且各地区自然条件有差异，栽培制度和规范各不相同，对花生收获的农业技术要求也不一样。

（1）观察植株含水量，预留晾晒时间。针对已挖掘未晾晒花生，为了防止阴雨季节田间环境潮湿导致花生发生霉变及植株茎秆水分含量较高导致其韧性较强，发生茎秆缠绕机器等情况，应结合气象卫星云图预报，筹划花生挖掘时间，确保预留至少 7 天连续干燥期。

（2）减少机械损失。针对晾晒后的花生，为了防止在收获过程中机具对花生的接触、振动、击打等方式导致花生脱落造成一定损失，应严格观察花生果柄与荚果的含水量并进行硬度测试。同时设计花生复收机械，对田间散落的花生进行二次收获，最大程度降低花生在收获期间的损失率。

（3）土壤湿度控制与清洁度保障。收获作业需控制土壤含水率在 10%～15%（手搓呈松散状），以减少机械破碎损伤。土壤过湿易导致荚果污染率上升并引发机械堵塞，过干则增加挖掘阻力。

（4）植株铺放规范。挖掘后植株应横向整齐铺放，茎基部朝向一致，荚果向内相向排列。避免紧实堆放影响通风，降低霉变风险。捡拾后秸秆需粉碎还田。

（5）机械适应性设计。针对我国平原、山地，沙壤土、黏土，平作、垄作、间套作等复杂条件，收获机需具备：轻量化结构、可调式工作部件、高通过性行走装置、多模式兼容性。

3　花生收获机工作原理、种类及工作方式

3.1　收获机工作原理

花生收获机包括分段式收获机、两段式收获机和联合收获机，其空间布局存在差异，但主要结构大致相同。一般由限深轮、分扶禾器、挖掘铲、拍土杆、左右夹拔装置、合并输送装置、拍土板、过渡夹持输送部件、底盘、前后风机、振动清选筛、摘果装置、刮板输送带、横向输送带、抛草输送链、摘果输送链、提升机、果箱等部件组成（图 5-1）。

摘果与筛选是花生收获机的核心作业环节，其装置结构设计和参数直接影响作业质量与效率。其中，摘果装置对破碎率、未摘净率具有重要影响，筛选装置对含杂率、损失率具有重要影响。

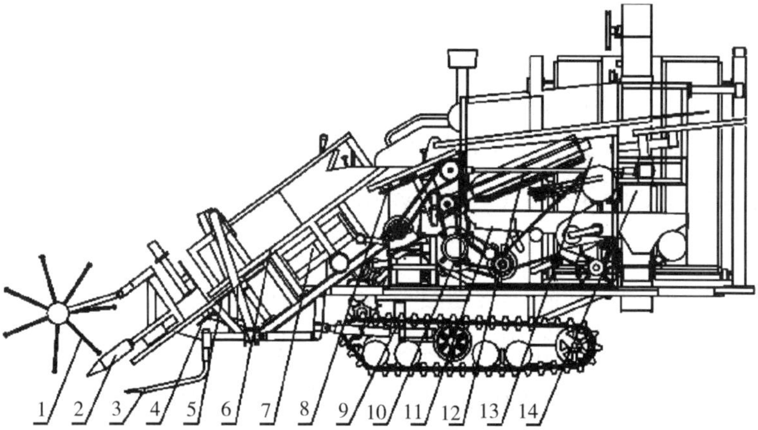

图 5-1 一般花生收获机结构

1. 仿形限深轮 2. 分扶禾器 3. 挖掘铲 4. 拍土杆机构 5. 夹拔装置 6. 合并输送装置 7. 拍土板机构 8. 过渡夹持输送部件 9. 底盘 10. 风机 11. 振动筛 12. 摘果装置 13. 提升机 14. 果箱

3.2 收获机种类

按照花生收获方式可将花生收获机分为分段式收获机、两段式收获机和联合收获机。

3.2.1 分段式收获机

分段收获是指通过多机型组合完成花生收获各环节的机械化方式。主要作业机械有花生挖掘机、花生摘果机、花生清选机等。该收获模式操作灵活、适应性强，可根据实际条件自由组合，但作业时应用机械数量多、机械作业单一且作业次数多，导致作业效率低、收获工时长，是一种较低水平的机械化收获方式（图 5-2）。

3.2.2 两段式收获机

两段收获将作业流程分为两阶段：首先利用花生起收机完成带蔓花生的起挖、去土和放铺，经 3～5d 自然晾晒，使荚果含水率降至 15%以下；其次使用花生捡拾收获机实现捡拾、摘果及清选。两段收获不仅有效解决了新鲜荚果含水率高、收获困难的问题，还在很大程度上提高了收获效率。其工作过程是使用挖掘铲将带蔓花生连土挖起，通过升运链提升后，

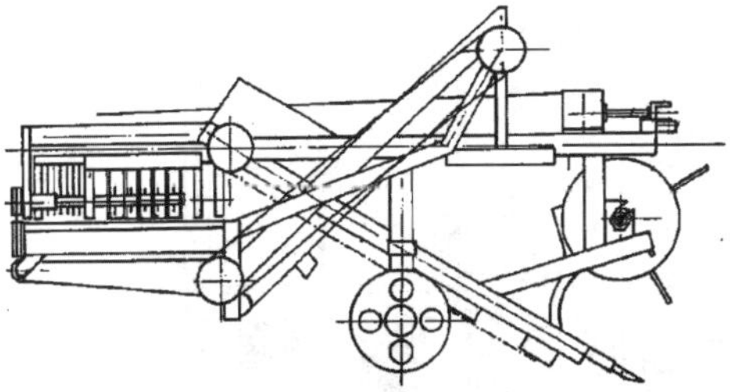

（a）花生挖掘机

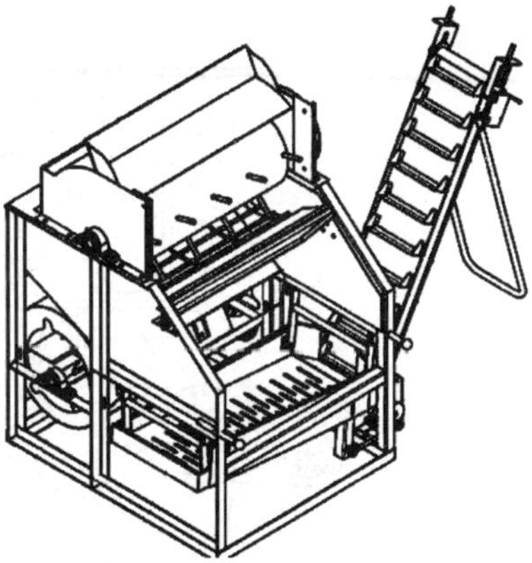

（b）花生摘果机

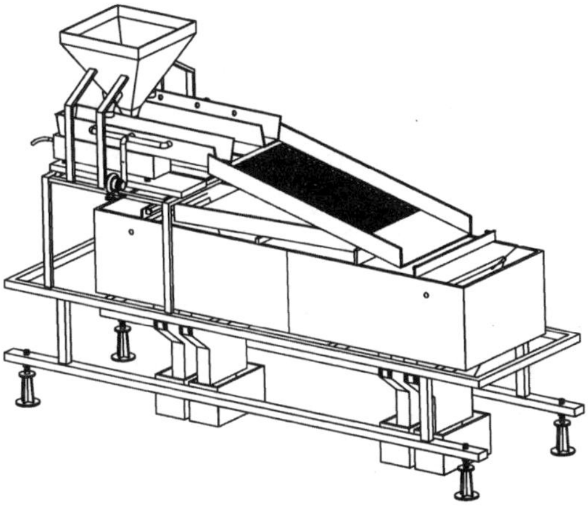

（c）花生清选机

图5-2　分段式花生收获相关农具

经链齿松碎土壤，漏去粒径＞50mm的土块，再送至前、后分土轮和弧杆筛。经过数次抛抖，大部分土块破碎后被分离出去，带蔓花生则被送到横向输送链上，成条铺放在已收获过的田面上（图5-3）。

两段式收获机械适应性好，对花生的种植模式、品种特性、田间管理兼容性强，支持单机或组合模式完成起挖、去土、捡拾和摘果等核心工序，操作灵活。其优势包括：通过田间自然晾晒使荚果含水率降到15%以下，减少了后期干燥成本；带秧晾晒有一定后熟作用。存在以下局限：多机械轮流进地作业延长了整个花生收获过程，占地时间长，影响下茬作

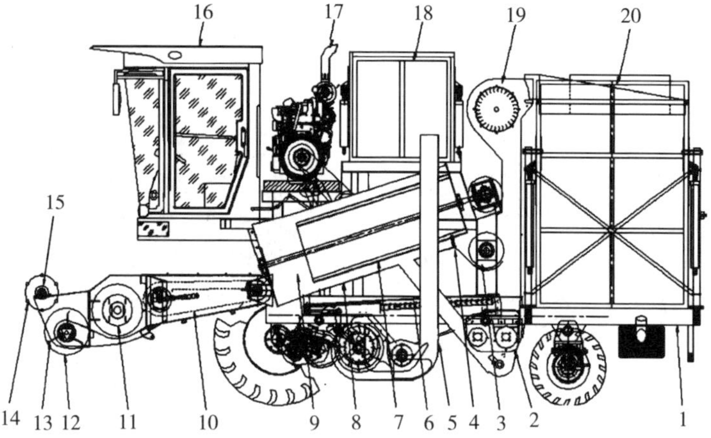

图 5-3　两段式花生捡拾机

1. 车体　2. 二次过滤提升机　3. 茎秆粉碎机　4. 分离齿　5. 花生提升机　6. 花生过滤筛　7. 分离辊　8. 滤板　9. 分离筒　10. 传送带　11. 搅龙　12. 捡拾轴　13. 捡拾齿　14. 辅助挡辊　15. 扭簧　16. 操控室　17. 动力总成　18. 花生料仓　19. 茎秆提升机　20. 茎秆料仓

物播种；起收环节破损率和裂荚率较高，均达到 2%；对覆膜种植适应性差，残膜易缠绕机具，残膜碎片与花生秧混杂不利于秧蔓饲料化利用；田间自走式花生捡拾摘果收获机作业时，扬尘污染较严重。

3.2.3　联合收获机

联合收获机可一次性完成花生的挖掘或拔取、土壤分离、摘果和清选等作业。其核心原理是通过机械联动实现土壤剥离与果实分离。作业时，挖掘铲将花生连同土壤铲起，拍土机构高频振动破碎土块，经 25°～35°倾斜升运链初步分离大块土壤。物料进入振动清选筛，配合风机鼓风实现细土与根须分离。带果秧蔓通过摘果装置完成荚果梳脱，花生荚果通过提升机进入果箱内。

花生联合收获机有挖掘式和拔取式两种。前者采用三角形挖掘铲将带土花生整体铲起，经分土轮预分离 85%以上土壤后，通过输送装置送入摘果系统。后者针对砂土地丛生蔓花生设计，通过环形夹持输送胶带夹持花生茎蔓完成拔取作业，经输送装置送入摘果系统。二者的摘果和清选等装置基本相同。摘果装置采用两个或多个串列的弹齿滚筒和凹板，滚筒上的弹齿将花生荚果梳脱，并伸入凹板槽缝以降低花生蔓茎的通过速度。清选装置与花生摘果机上的同类装置相似。

采用联合收获机收获花生的荚果采净率较高，破损率较低，果实完整性好，适于鲜食、种用。作业集成度高，设备一次下田即可完成荚果收获作业，可有效减少不同机具下地次数，降低作业成本。没有田间晾晒环节，减少了作物占地时间，利于快速腾地倒茬。但是其对花生种植模式、田间管理等要求相对较高；收获后，需要较大晾晒场地或干燥设备，若未及时干燥易发生霉变；日作业效率低。

市场调研显示，常见的花生捡拾机械如表 5－1 所示。同步调研显示，常见的半喂入花生联合收获机械如表 5－2 所示。

表 5－1　常见花生捡拾机械主要性能

型号	结构	主要参数
沃德 4HZL－2600 自走式花生捡拾收获机		轮式自走底盘，发动机功率为 73.5～80kW，工作幅宽为 2.6m，生产率为0.33～0.6hm^2/h；整机重量为 5 280kg
大众 4HZL－8 自走式花生捡拾收获机		轮式自走底盘，发动机功率为 48kW，工作幅宽为 3.2m，生产率为 0.64～0.96hm^2/h，整机重量为 5 220kg
雷沃 4HJL－3A 自走式花生捡拾收获机		轮式自走底盘，发动机功率为 80～87kW，工作幅宽为 2.6m，生产率为 0.4～0.8hm^2/h，整机重量为 6 110kg

（续）

型号	结构	主要参数
雷沃谷神 4HZJ-2600		轮式自走底盘，发动机功率为 110kW，工作幅宽为 2.6m，生产率为 1.8～9.5hm²/h，整机重量为 6 220kg
中联 4HJL-2.5 自走式花生捡拾收获机		轮式自走底盘，发动机功率为 110kW，工作幅宽为 2.5m，生产率为 0.4～0.66hm²/h，整机重量为 5 250kg
福德 4HJQ-2.0 花生捡拾收获机		牵引式，配套动力≥29.4kW，工作幅宽为 1.1m，喂入量为 2kg/s，纵向轴流弓齿式摘果形式

表 5-2　常见半喂入花生联合收获机械主要性能

型号	结构	性能参数
东泰 4HD-2A 自走式花生联合收获机		自走履带式半喂入，发动机功率为 33.8kW；工作幅宽为 0.6m，单垄作业

（续）

型号	结构	性能参数
东泰 4HD－4 自走式花生联合收获机		自走履带式半喂入，发动机功率为36.8kW，工作幅宽为1.4m，双垄作业
弘盛 4HB－2A 型花生联合收获机		自走轮式半喂入，发动机功率为22.1kW，单垄作业（扶禾器可旋转），生产效率为1.5～2.5 亩/h
嘉农号 CH－4HL－2 自走式花生收获机		自走履带式半喂入，发动机功率为45kW，工作幅宽为0.6m，单垄作业（有旋转扶禾装置），生产效率为2.5～4 亩/h
4HLB－4 型花生联合收获机		自走履带式半喂入，发动机功率为48kW，工作幅宽为1.5～1.8m，双垄作业，生产效率为0.3～0.4hm^2/h

3.3　收获方式

按照喂入方式收获机可分为全喂入式和半喂入式。

3.3.1　全喂入式

全喂入式指花生茎秆和荚果全部喂入摘果装置进行摘果操作。秧秆在摘果区间内受到摘果部件的冲击作用发生破碎。花生荚果柄在摘果部件的梳刷作用下与秧秆或花生荚果分离。田间晾晒时间对植株性状影响显著，开展晾晒时间—花生植株性状相关性研究可以为优化机械特性提供参考，同时也为研究摘果损伤机理、改进装置设计提供理论支撑。

全喂入式花生摘果装置的结构示意如图 5-4，花生植株经输送机构从喂入口进入装置，在离心力作用下沿滚筒的外围高速旋转。花生荚果在摘果元件和凹板筛共同作用下与花生秸秆分离，经凹板筛分离后通过前后滑板集中落入分离清选装置，实现进一步的分离清选。风选筛选后的荚果落入螺旋输送器，最终落入集果箱内，秸秆则由排出口排出。

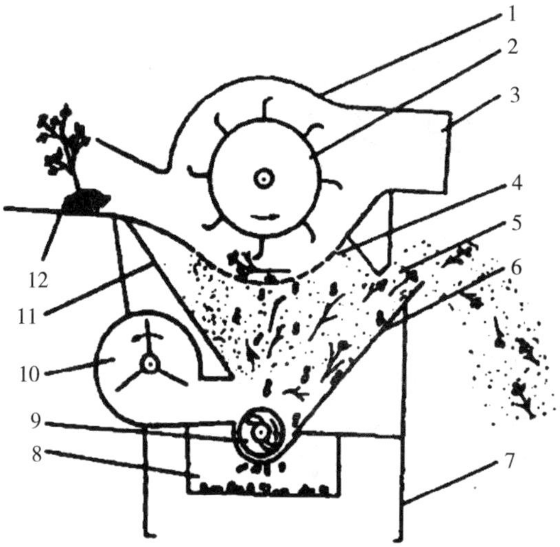

图 5-4 全喂入式花生摘果机结构示意

1. 顶盖 2. 滚筒 3. 秧蔓排出口 4. 凹板筛 5. 杂余出口 6. 后滑板 7. 机架 8. 集果箱 9. 螺旋输送器 10. 风扇 11. 前滑板 12. 喂入口

全喂入式花生收获机按花生通过装置的方向不同，又可分为切流滚筒型和轴流滚筒型两种。

（1）切流滚筒型。全喂入式花生摘果机的传统机型是切流滚筒型，即谷物沿旋转滚筒的前部切线方向喂入，进行脱粒分离，茎和秧沿滚筒后部切线方向排出。该结构目前仍被主流联合收割机广泛使用。

（2）轴流滚筒型。近年来，轴流滚筒型联合收割机也有了较大的发展，其工作原理为谷物从滚筒轴的一端喂入，沿滚筒的轴向进行螺旋状运动，一边脱粒，一边分离。它通过滚筒的时间较长，最后从滚筒轴的另一端排出。这种设计取消了传统逐稿器，缩小了联合收割机的体积并减轻了机重，通过更换凹板筛等附件可适配大豆、玉米等作物。此外，切流—轴流复合式及多滚筒机型已实现商业化应用。

3.3.2　半喂入式

半喂入花生摘果机通过夹持装置仅将荚果部分喂入相向滚动的摘果辊筒中，物料沿辊筒轴线方向运动，利用相向转动的摘果叶片对花生荚果进行刷拉、拍打，实现秧蔓分离。该设计损伤率低、动力消耗较小，对干、湿花生蔓均适用，摘果后的花生秸秆整齐，便于储存及综合利用，并可与手扶拖拉机配套在田间作业，在我国南方有少量应用。存在局限：对进入摘果装置前的茎秆整齐度要求较高，摘果时需要用手或夹持装置使花生植株与摘果机构保持相对固定的距离；传动系统比较复杂，制造成本较高，工效比全喂入式机型低；现有机型摘果效率和损失率还不稳定，受花生秧的整齐程度以及摘果机喂入环节的夹持影响很大。发展现状：20 世纪 90 年代后，日本久保田等公司通过液压仿形系统与智能喂入控制，使半喂入式联合收割机在水稻领域实现高效化、低故障，近年来在我国水稻产区已有了一定的市场，但设备价格高昂。

半喂入花生摘果装置的结构如图 5－5 所示。花生植株经夹持输送带将荚果段导入摘果滚筒，通过相向转动的双滚筒摘果机构实现荚果梳脱。分离后的荚果在重力作用下进入分离清选系统，经振动筛、逐稿器和风扇协同作用，实现小块秸秆与杂余分离。刮板输送机将清洁荚果送入集果箱，完整秸秆则由夹持输送装置继续后送，经抛送机构铺放于地面。

当前我国使用的半喂入花生摘果辊筒的叶片主要为直板型，该结构在高速旋转摘果时，叶片外侧端与花生直接接触，这使得摘果叶片对花生荚果不但有拉拽的作用，同时还伴随显著的切割、剪切效果。其摘果过程呈现强刷拉特性，当荚果与秧蔓未完全分离时，易将花生荚果同果柄在根茎处切断，易将枝、秧强行切断而使得果荚带柄脱落，导致花生果荚带柄率较高、果破损率较高以及断枝断秧多等问题。现有的半喂入花生摘果装置在损伤率、摘果率、摘净率方面尚未突破技术瓶颈；整体结构、传动系统较为复杂，制造成本高，未能得到良好的推广与应用。直板式摘果辊结构

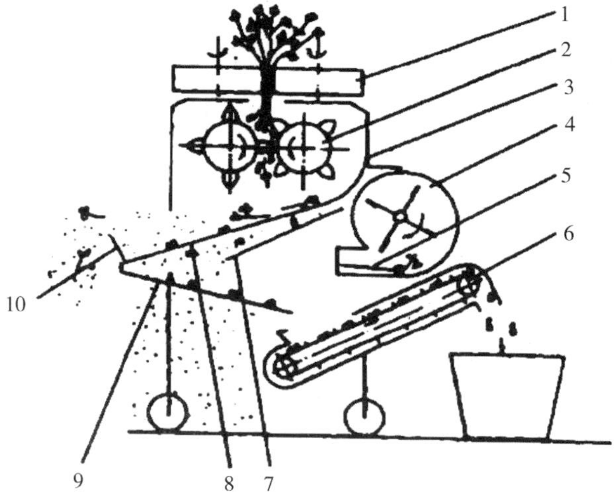

图 5-5 半喂入花生摘果机结构示意

1. 夹持输送带 2. 摘果滚筒 3. 机架 4. 风扇 5. 风量调板
6. 刮板输送器 7. 滑板 8、9. 振动筛 10. 挡果板

示意如图 5-6。

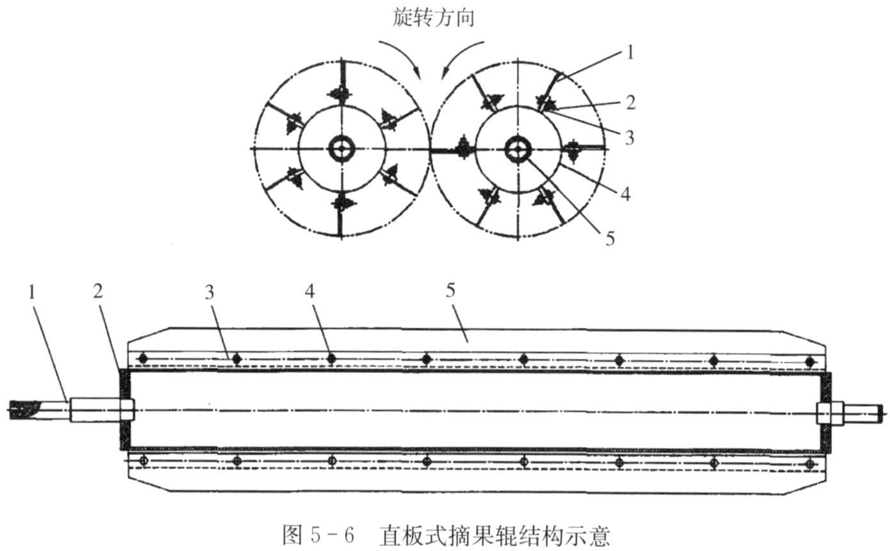

图 5-6 直板式摘果辊结构示意

1. 辊筒轴 2. 辊筒 3. 叶片固定座 4. 固定螺栓 5. 摘果叶片

综合比较两种喂入方式，全喂入花生摘果机主要应用于东北、西北地区，从田间晾晒后的花生秧蔓上摘果，其作业效率大约为人工作业效率的

40 倍，可满足规模化作业需求。半喂入花生摘果机对干、湿花生植株都适用，摘果后的花生秸秆整齐，便于储存及综合利用，并可与手扶拖拉机配套在田间进行作业，在我国南方有少量应用。

除以上分类外，还有下列分类方法。

（1）按物料流向和割台布局，可分为直流型、T 型、⌉型、]型联合收获机。

（2）按生产率大小可分为大型（喂入量 5kg/s 以上）、中型（3～5kg/s）、小型（3kg/s 以下）联合收获机。

（3）按行走部件类型可分为轮式、半履带式和履带式联合收获机。

（4）按动力供给方式可分为牵引式、自走式、悬挂式联合收获机。

4　花生收获机关键部件

4.1　挖掘铲

花生收获机械作业过程包括挖掘、去土、晾晒、捡拾、摘果和清选多个阶段。挖掘是花生收获的首要环节，主要通过花生挖掘铲松动花生根系土壤并铲断主根实现起收。目前，主流收获方式（两段式收获和联合收获）均以挖掘为动力输出核心，其减阻耐磨性能直接影响作业质量与能耗。国内外学者针对几何结构优化开展了大量研究，旨在提升农机触土部件性能。

挖掘铲结构如图 5-7 所示，主要由铲面、U 形输送短杆及机架等组成。花生挖掘装置在挖掘作业中，主要受牵引力、土壤对挖掘铲面的法向载荷、土壤与挖掘铲的摩擦力、因土壤本身黏性产生的挖掘铲面附着力以及纯切削阻力等力的作用。其中，挖掘铲正常工作状态下，土壤的切削阻力可忽略不计。

影响挖掘阻力的因素：①定量因素，包括挖掘深度、铲面宽度、土壤类型等；②变量因素，包括铲面倾角、工作速度、土壤含水率等。

4.1.1　挖掘深度

挖掘深度与挖掘阻力呈正相关，随着挖掘深度的增加，挖掘阻力不断增大。需要在确保地下荚果全收的前提下，合理控制挖掘深度。国内学者

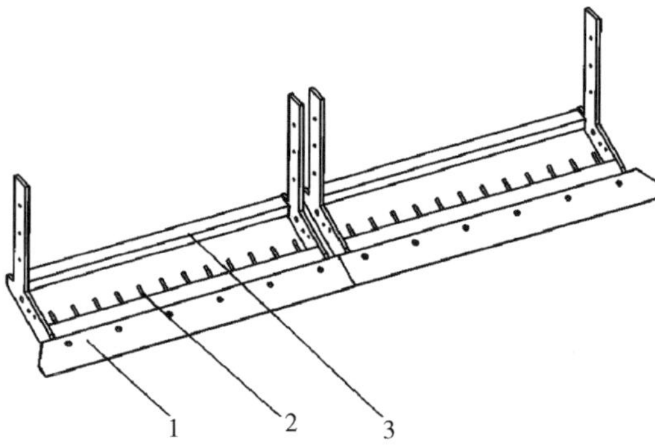

图 5-7　挖掘铲结构示意
1. 铲面　2. U形输送短杆　3. 机架

研究表明，花生荚果结果深度集中于 80～150mm 土层，推荐挖掘深度为 120～180mm，兼顾收获质量与作业能耗。

4.1.2　挖掘宽度

花生挖掘铲的宽度须根据国内花生垄作的种植规范及花生根系地下分布宽度进行设计，实现单垄或多垄挖掘功能。

4.1.3　铲面倾角

铲面倾角直接影响入土性能、介质移动速度和挖掘阻力。当铲面倾角小于 25°时，挖掘阻力随着铲面倾角的不断增加而增大，但其斜率较小，变化情况不明显；当铲面倾角大于 25°时，挖掘阻力会随着铲面倾角的增大急剧增加。因此，推荐铲面倾角为 23°～27°。

4.2　夹持输送装置

夹持装置常用于联合收获机中，目的是将挖掘出的花生整齐运送至摘果装置。夹持输送是花生收获作业过程中的重要环节。夹持输送装置主要由夹持链轮、夹持链、张紧链轮、张紧杆、夹持输送架组成。挖掘出土的花生植株经夹持链夹持拔起后被输送至机具尾部。夹持归集装置应满足以下要求：①确保花生植株顺利完成夹持输送过程，期间不出现拥堵现象；②实现夹持过程稳定、可靠，无花生根系掉果和植株夹断的情况；③链条夹持结构可以保证大喂入量情况下花生植株稳定地起秧和输送，且恶劣工况下可靠性也较高。

4.2.1　夹持链喂入口参数

依据我国花生品种及种植农艺要求，一垄花生行距约为 230mm，花生植株的平均宽度约为 200mm。为保证能够顺利完成夹持作业，且不出现漏夹的情况，夹持链最大工作长度 H=480mm。夹持归集装置作业时，花生植株自喂入口处到接触夹持链夹持点时间越短，夹持效果越好；夹持点离地面距离越近，机具的适应性越强。因此，夹持链条最大张开角度为 170°，由勾股定理最终获得夹持链前端离夹持点距离 L。喂入端夹持链结构如图 5－8 所示。

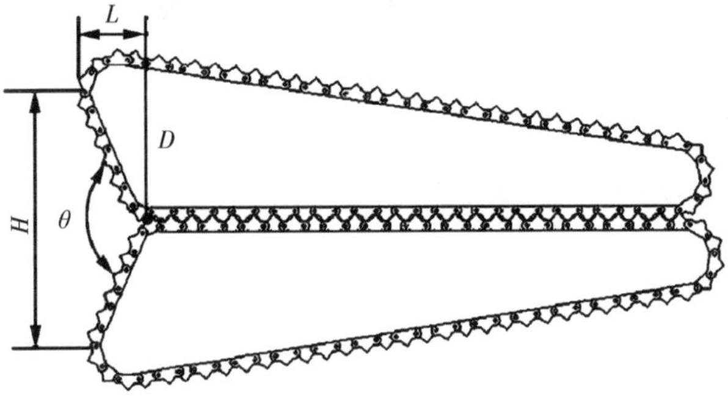

图 5－8　喂入端夹持链结构

4.2.2　夹持输送过程

花生植株受夹持输送链的夹持力可分为两个阶段：①花生根系未脱离土壤时，植株受夹持链拉力及土壤阻力；②花生根系脱离土壤后，植株在夹持链的作用下运动，仅受夹持链拉力。将夹持链对花生植株的力分为两部分进行分析，以此确定花生植株的受力情况。

根据对花生植株的物理特性试验及对夹持装置结构分析，可确定花生植株的质量及夹持链与水平面夹角，由此可以计算出夹持链对花生植株的夹持力的大小。花生植株拔起示意如图 5－9。

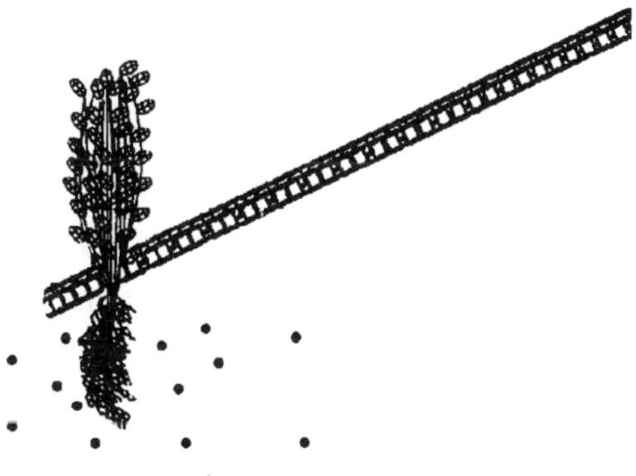

图 5－9　花生植株拔起示意

4.3 摘果辊筒

摘果辊筒按照花生植株喂入方式可分为两种。一种是针对全喂入方式，摘果执行装置为条（棍）状的拍打装置。摘果滚筒可为封闭式或开式，摘果部件形式主要有钉齿式、篦梳式、差动式、甩捋式和螺旋纹杆式等，主要靠刚性摘果齿打击、摘果齿与凹板之间形成相对拉拽作用而摘果。另一种是针对半喂入方式，摘果执行装置为片状，其通过齿轮组带动两摘果滚筒向内侧旋转。夹持输送链位于摘果辊筒交汇处的正上方，花生植株夹持输送经过摘果段时，一对转向相反、刮板交错排列的摘果辊在高速转动中依靠多组摘果叶片连续拍打花生荚果，使花生荚果与秧蔓分离，完成摘果作业。

4.3.1 全喂入摘果装置摘果原理

（1）摘果原理。

①冲击摘果。靠摘果辊筒与花生荚果互相冲击，促使花生荚果脱落。果柄的强度决定了所需冲击强度，冲击强度与摘净率、破损率紧密相关。提高冲击强度能提高摘净率，但同时易导致破损率增加；降低冲击强度虽可减少破损率，却会使摘净率受影响。冲击强度一般通过调节摘果辊筒的转速来控制，在摘取较干燥的花生荚果时摘净率较高，而对于鲜湿花生荚果，摘果效果不佳，破损率较高。

②摩擦摘果。靠花生秧蔓与摘果部件之间的摩擦进行摘果，摩擦力大小直接决定摘净率。一方面，增大摩擦力可以提高摘净率，但也会使花生破损率随之升高；另一方面，改变摘果装置上辊筒与凹板之间的间隙，可调整摩擦作用的强度。

③篦梳摘果。通过摘果部件施加冲击拉力使花生荚果从秧蔓上脱离。摘果部件的形状及运动速度对篦梳式摘果性能影响显著，特别是摘果部件的结构形式起着决定性作用。以弓齿式结构为例，弓齿随螺旋纹杆转动时，持续对花生植株进行梳刷，从而实现梳刷摘果。

④甩捋摘果。花生喂入高速旋转的摘果辊筒后，会随摘果辊筒的螺旋搅龙高速旋转，在离心力作用下，花生荚果分布在螺旋搅龙的最外侧，进而在螺旋搅龙钉齿和凹板筛的共同作用下被摘下。

（2）应用现状。全喂入摘果方式在花生收获作业中应用广泛，主要适用于单独进行花生摘果或东北及西北地区所采用的两段式收获中的摘果环节。该方式下摘果装置类型丰富多样，当前实际应用的主要有齿式摘果装置、螺旋圆弧面板式摘果装置、篦梳式摘果装置、差动式摘果装置及甩捋式摘果装置等。

①齿式摘果装置。齿式摘果装置依靠摘果齿和凹板筛协同作业实现花生摘果。该装置具备结构简单、摘果速度快、摘净率较高、收获损失小等优势。然而，其缺点也较为明显，花生荚果破损率较高，花生秧粉碎程度大，致使花生荚果与花生秧的分离效果欠佳。此外，还存在功率消耗大、易堵塞等问题。针对上述问题，为有效降低破损率和含杂率，众多学者针对齿式摘果装置开展了大量研究工作。

a. 甩捋式。甩捋式一般采用轴流式摘果辊筒（图 5－10），由于其工作流程相对较长，可适当降低工作线速度，从而降低破损率，提高摘净率。在摘取较干燥的花生荚果时，这种摘果装置摘净率较高、破损率低、适应性也较好。

国内部分学者研制的全喂入轴流式摘果装置，主要是利用甩捋式工作原理来提高花生荚果的摘净率，降低破损率。轴流甩捋式摘果装置应用在 4HQL－2 型花生联合收获机上。

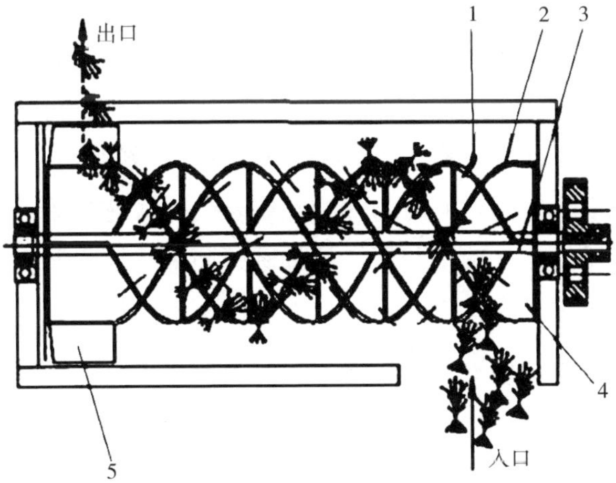

图 5－10　摘果辊筒结构

1. 钉齿　2. 摘果搅龙　3. 摘果搅龙轴　4. 搅龙侧板　5. 排秧板

b. 弹齿式。在实际作业过程中，为提升摘果辊筒的耐用性及作业效果，通常采用弹齿取代传统钉齿，如美国利斯顿 1580 型花生捡拾摘果机就采用了这种设计。弹齿式摘果装置如图 5-11 所示。该装置的核心创新点在于弹齿辊筒与锥形凹板筛的协同设计。使用弹齿能够有效降低摘果齿对荚果的击打力度，减少荚果破碎率，同时锥形凹板筛的设计使凹板筛尾部与摘果室外壳间隙增大，落入此区域的碎秧蔓有更多的时间流出摘果室，大幅减少堵塞现象的发生概率。

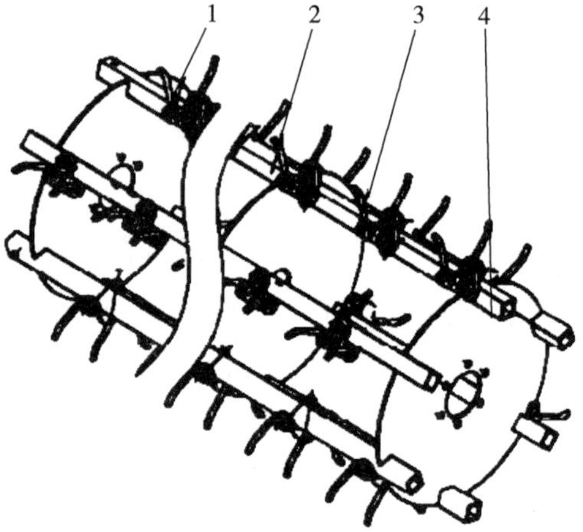

图 5-11　弹齿辊筒结构示意

1. 弹齿　2. 齿杆　3. 支撑板　4. 辐板

c. 螺旋弓齿式。螺旋弓齿式摘果装置主要由弓齿和螺旋纹杆组成，采用双螺旋纹杆结构形式，其上焊接固定间隔的弓齿（图 5-12）。进行花生摘果作业时，螺旋纹杆及弓齿带动花生秧蔓做螺旋圆周运动，花生株系受到弓齿的不断梳刷，同时与凹板筛配合，完成花生果—秧分离作业。

②螺旋圆弧面板式摘果装置。螺旋圆弧面板式摘果装置如图 5-13 所示。开展摘果作业时，花生在自身重力作用下落到摘果搅龙面板上。与此同时，在摘果搅龙高速旋转所产生的离心力作用下，花生被甩向凹板栅条的空隙中。由于凹板筛的阻挡，花生果柄与荚果的节点处会产生一个拉力，把花生荚果从花生秧上摘下。螺旋配置面板产生轴向推力，促使花生秧蔓保持轴向运动状态，可以避免花生秧蔓堵塞辊筒，而且在花生秧蔓前进过程中还会受到揉搓和摔打作用，进一步提高了摘果效果。这种摘果结

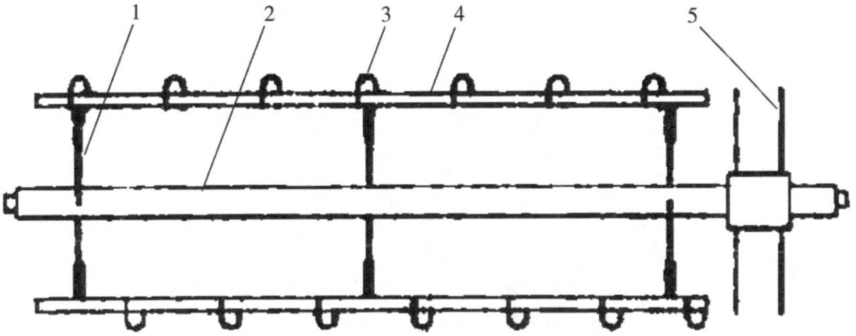

图 5-12　摘果辊筒示意

1. 间隙调节器　2. 辊筒轴　3. 弓齿　4. 螺旋纹杆　5. 叉齿

构无须安装摘果齿，从而避免了因摘果齿的击打作用而导致花生破碎的情况。目前，螺旋圆弧面板式摘果装置已成功应用于 4HJL-2 型花生联合收获机上。

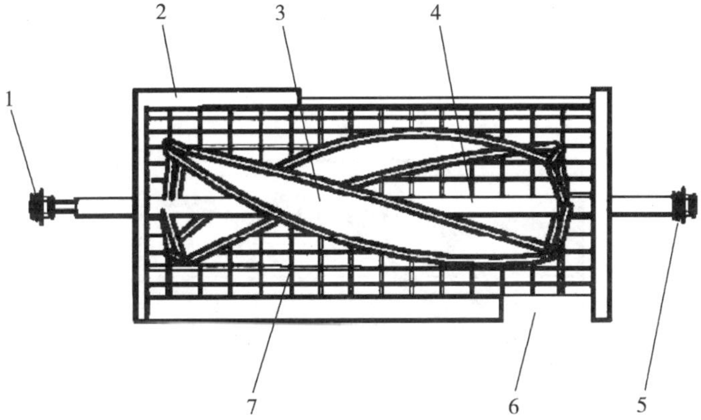

图 5-13　螺旋圆弧面板式摘果装置

1. 链轮　2. 喂入口　3. 螺旋圆弧摘果搅龙　4. 主轴　5. 齿轮　6. 排秧口　7. 凹板

③篦梳式摘果装置。篦梳式摘果装置采用轴流式设计，其摘果辊筒体上的动齿发挥着关键作用。在运转过程中，动齿带动花生蔓沿轴向前进，与此同时，借助辊筒体上动齿和辊筒凹板上固定齿的协同作用，将花生茎蔓上的花生荚果梳摘下来。梳摘下来的花生荚果从凹板筛上的孔中落下，以便进入后续作业流程。该摘果装置如图 5-14 所示。篦梳轴流式摘果辊筒结构合理、体积小、花生蔓进出速度快、破碎率低、使用寿命长，但也

存在摘果不净、分离不清、消耗功率大、收获损失过高等缺点。

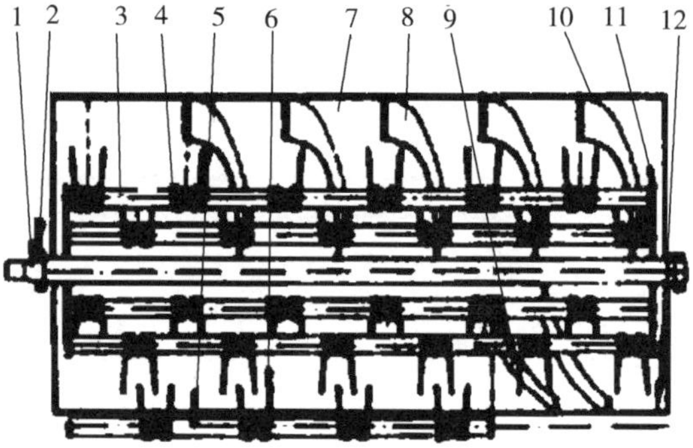

图 5－14　篦梳式圆柱形轴流辊筒摘果装置

1. 辊筒轴　2. 轴承座　3. 动齿杆　4. 动齿　5. 定齿杆　6. 固定齿　7. 辊筒上盖
8. 上导向板　9. 下导向板　10. 上盖体　11. 法兰盘　12. 入料口板

④差动式摘果装置。差动式的花生摘果方式由传动装置实现花生摘果辊筒与花生输送搅龙反方向转动，花生荚果在这种运动中垂落到摘果辊筒的下方，通过固定的弹性摘果杆将花生摘下，其结构如图 5－15 所示。

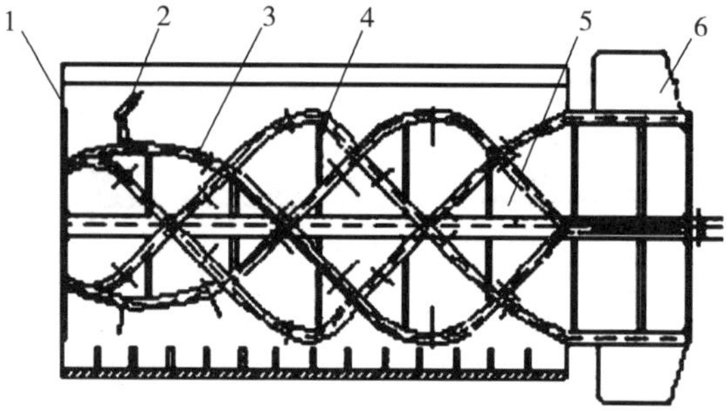

图 5－15　差动式摘果装置

1. 搅龙圆盘　2. 定齿　3. 螺旋杆　4. 支撑板　5. 传动轴　6. 出料板

差动式摘果辊筒摘果破碎率较低，摘果效率较高，但由于摘果作业环境差，摘净率较低。摘果过程中花生蔓被打碎，不利于花生蔓的储存及综合利用，也容易在设备内部产生堵塞等故障。同时，大量被打碎的花生蔓混入收获物中，使收获物含杂率较高，加重了清选部分的工作负担。

4.3.2　半喂入摘果装置

半喂入摘果装置主要由两个摘果辊组成，与夹持输送链上下配置，能够对运动过程状态的花生植株实施摘果操作。其动力传输过程如下：动力由传动链轮引入传动轴，传动轴上安装两个锥齿轮，分别与固定在摘果辊筒上的两个锥齿轮相配合。当链轮逆时针方向转动时，通过两对配合的锥齿轮组带动两个摘果辊筒向内侧旋转。夹持输送链位于摘果辊筒交汇处的正上方，当花生植株由夹持输链输送至摘果段时，在摘果辊筒上的多组摘果叶片连续作用下，花生荚果与植株分离，实现摘果作业（图 5－16）。

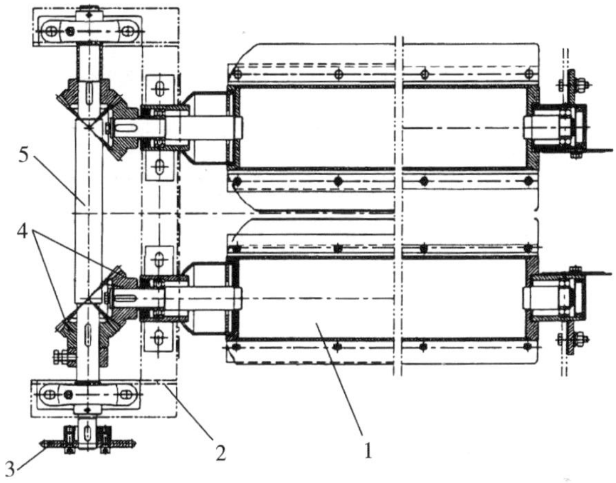

图 5－16　摘果部件结构

1. 摘果辊筒　2. 机架　3. 传动链轮　4. 锥齿轮　5. 传动轴

摘果辊筒是摘果装置的核心工作部件，其结构如图 5－17 所示。它以钢管为主体，通过螺栓在其表面固定安装若干组摘果叶片而成。左右两个辊筒上的摘果叶片互为反向，在装配摘果辊筒时需精准定位，使其彼此互相错开一定角度，以增加脱荚效果，同时避免断枝、损果。在摘果辊筒长度方向靠近入口端的前半段，相应地安装有若干组软胶片。软胶片的一侧固定在摘果叶片底部，并沿钢管表面铺于两叶片槽底部。当辊筒高速旋转时，软胶片受离心力作用会向外侧翻倒，将摘落在摘果叶片槽底部的花生荚果或湿土块抛下，使其进入下部的荚果输送装置，防止泥土粘结在辊筒钢管上，避免影响整体作业效果。

同时，为了降低荚果的损失率，可将摘果辊筒与夹持链设计为不同的放置方式，主要有平行放置和倾斜放置两种。

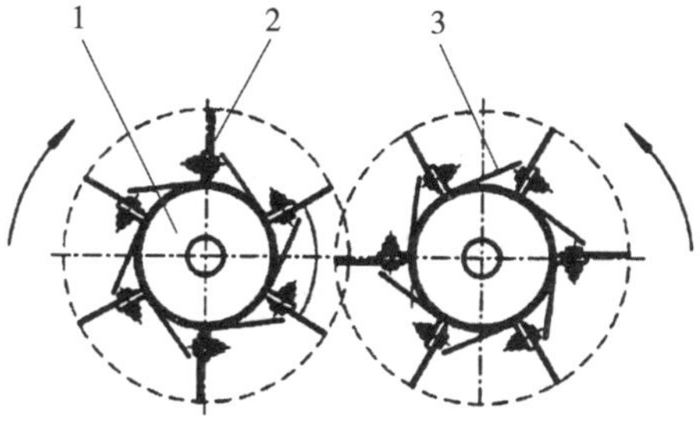

图 5－17　摘果辊筒结构

1. 钢管　2. 摘果叶片　3. 软胶片

(1) 当夹持链与摘果辊筒平行配置时，在夹持输送过程中，从摘果入口端到出口端，花生果系（即花生荚果区域）与最佳摘果区的位置相对固定。若要在整个摘果段不留摘果死角，就要求花生果系从入口端开始必须位于最佳摘果区，即花生果系一进入摘果段就全部进入两摘果辊筒交汇区（图 5－18）。

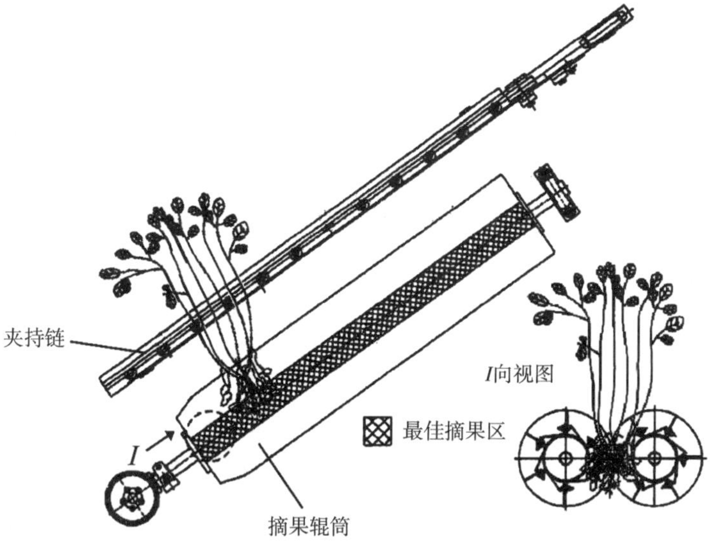

图 5－18　夹持链与摘果辊筒平行放置

平行配置方式具有以下特点：

①摘果辊较短，结构相对紧凑。由于花生果系从进入摘果段开始，就全部进入最佳摘果区，摘果强度大、效率高，所以摘果段可相对较短，有

利于整机结构布局更为紧凑。

②摘果破损高、含杂多。若在入口端果系同时进入最佳摘果区，空间会变得拥挤，摘果作用力强烈，这不仅容易导致较多荚果破损，而且花生根系、茎秆、果柄等也会被大量摘下，使果荚含杂率提升，增加后续清选作业负担。

③未摘净率高，适应性差。实际作业过程中，受花生植株特性的差异、田间状况、操作者水平等因素影响，花生秧蔓夹持高度难以精确控制，导致花生果系呈现参差不齐的状态。因此，平行配置方式对花生果系分布范围、与摘果辊筒的相对位置均要求甚严，尤其是对秧蔓夹持高度的控制要求很高。但实际上花生果系很难全部位于最佳摘果区，摘果死角不可避免。而且一旦确定摘果部件的结构参数后，其适宜收获的作业对象就相对固定了，因为花生果系的大小因品种、种植条件而异，因此这种配置方式的作业适应性很差。

④功耗大，故障率高。在平行配置方式下，由于入口端摘果负荷大，动力消耗高，且容易引起阻塞故障，作业可靠性较低。

（2）当摘果辊与夹持链成一定夹角的倾斜配置时，在摘果段夹持输送过程中，从入口到出口，花生果系与最佳摘果区的相对位置不断发生变化，这种变化因夹持高度不同而有所差异。其中 *CD* 平行于夹持链，*ACDE* 为有效摘果区，即花生荚果只要位于该区域内，在摘果段夹持输送过程中必然会穿过最佳摘果区 *ABDE*；反之，位于有效摘果区以外的花生果在摘果段会被漏摘，造成收获损失（图 5－19）。

倾斜配置方式具有以下特点：

①适应性强、未摘净率低。采用倾斜配置方式时，在整个摘果段，花生果系所允许位置范围相较于平行配置方式更宽，因此，对秧蔓夹持高度的控制精度要求相对较低，而且机器对不同品种、不同种植模式的花生作物收获作业具有较强的适应性，可有效避免摘果损失。

②摘果强度适宜，破损率低。在夹持输送过程中，从入口端到出口端，花生果系与最佳摘果区相对位置逐渐变化，脱荚作业在整个摘果段循序渐进、有条不紊地完成，并非集中在入口端进行高强度摘果作业。摘果强度适宜，脱荚作用力小，破损率低，根系、茎秆等被摘下的概率也较低。

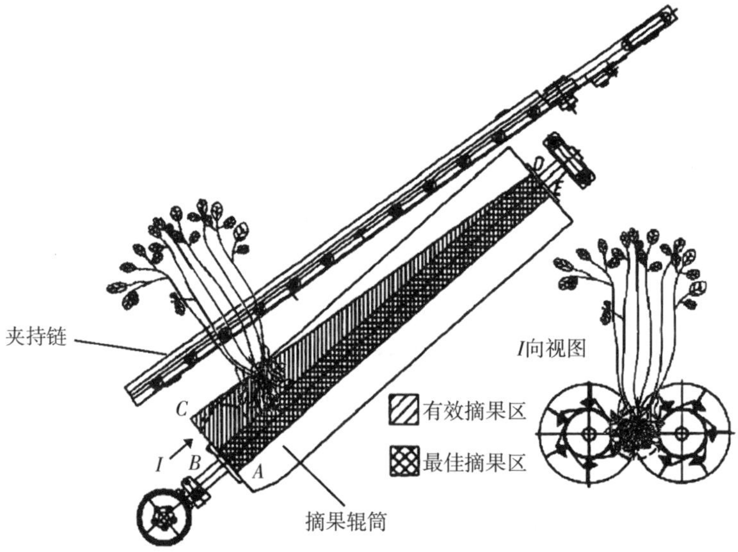

图 5-19　夹持链与摘果辊筒倾斜放置

③作业稳定、可靠。在倾斜配置方式下，摘果辊筒不易被茎秆、根系缠绕而发生阻塞，摘果作业性能稳定，功耗消耗较低。

④摘果辊筒长。相较于平行配置方式，倾斜配置方式所需的摘果辊筒长度更长，给整机结构配置带来一定难度。

花生秧蔓被夹持输送，花生果系从两摘果辊筒中间穿过，固定在辊筒上的摘果叶片随着辊筒作高速旋转，持续对果荚施加刷脱（拍击）作用，从而实现果秧分离。摘果叶片的结构形式决定了摘果作业机理和作业性能。为了分析摘果叶片结构形式对作业性能的影响，将摘果叶片分为直板型、折弯型、圆弧型三种，如图 5-20 所示。直板型叶片宽度方向上不发生弯曲，而折弯型叶片在宽度方向上靠外侧段进行折弯处理，圆弧型叶片除安装座部分外均为圆弧型，并呈后倾状态。

当直板型和折弯型叶片在高速旋转，花生果系从两摘果辊筒中间通过时，叶片钢板外侧端与荚果直接作用。此时，摘果叶片对花生荚果不仅产生扯拉力，同时还有剪切作用，其摘果过程为刷脱式摘果，摘果作用力强劲，花生摘净率高，但可能引发荚果破损率高、果荚带柄率高、断枝断秧多等问题。若采用后倾弧形叶片，摘果作业时摘果叶片外侧端并非最先与花生果系接触，而是叶片圆弧段外侧先接触花生荚果，并对其进行连续拍

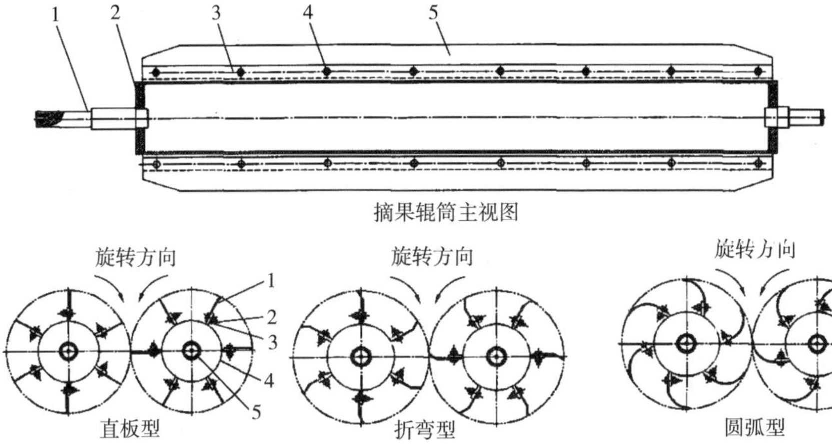

图 5-20　不同叶片形式的摘果辊筒

1. 摘果辊筒轴　2. 摘果辊筒　3. 摘果叶片固定座　4. 固定螺栓　5. 摘果叶片

击，完成脱荚作业，该摘果过程类似于手工甩打摘果的击打方式，摘果作业更加柔和。击打式摘果不会出现直板型或折弯型叶片的高强度刷脱作用带来的破损率高、含杂多等问题，但花生摘净率相对于刷脱式摘果偏低。实际花生摘果作业过程较为复杂，摘果辊筒结构形式和参数的确定还需进行深入研究。

4.3.3　摘果过程

花生荚果与果柄形成的果柄节点、果柄与花生秧形成的秧柄节点，这两个地方的拉力值与摘果效率密切相关，也是摘取力相对较小的关键摘果位置。已有研究结果表明，秧柄节点的断点拉力明显大于果柄断点拉力，在摘果过程中果柄节点更容易断开。

花生荚果直径在 5～20mm，花生枝蔓直径远小于花生荚果直径。摘果过程示意如图 5-21，摘果装置由若干个齿组成，每个齿下方设有刃口，齿距设为 5mm，花生秧秆能够穿过，花生荚果留在齿下方。工作原理是夹持链夹持花生植株向上输送到达摘果段时，摘果齿随后由上至下插入花生秧秆中，花生秧秆能够顺利通过齿隙，直到到达花生根部，不同秧秆在花生植株根部形成一个根部节点，该结点会阻碍花生植株的向上运动。随着夹持链转动，摘果齿使根部秧秆分开，由于摘果齿下方设有刃口，所以能够使根部秧秆更有效地分离。花生秧秆能在穿过齿的同时被夹持链往后输送，而花生荚果直径大于齿距无法通过，在摘果齿的作用下实现摘果。因为秧柄节点的断点拉力大于果柄节点断点拉力，花生荚果与果柄先一步分离，断点拉力小于花生荚果的破损力，在花生荚果破碎之前就已成功实现秧果分离。

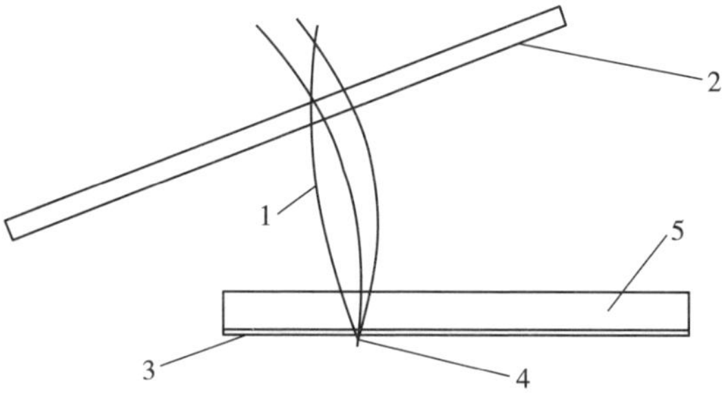

图 5-21 摘果过程示意

1. 花生秧秆 2. 夹持链 3. 刃口 4. 花生根部节点 5. 摘果齿

4.4 清选装置

全喂入花生联合收获机中，经滚筒摘果后的花生荚果及秧蔓杂质穿过凹板筛进入清选装置中。半喂入花生联合收获机通过夹持输送链输送花生植株，花生植株经摘果装置后进入清选装置。清选装置利用花生与杂质在物理机械性质方面的差异，将花生荚果中的细小杂质分离出去，从而获得干净的花生荚果。清选装置的性能在很大程度上影响着花生收获机的损失率和含杂率两项关键作业质量指标。通常，清选装置总体结构包括输送筛、清选筛、吹风装置和花生荚果收集装置等，整体结构如图 5-22 所示。

清选工作过程：花生荚果及其他杂物被摘果滚筒摘下后落到输送筛上，输送筛通过往复运动将这些物料向后端输送。物料经前端指状筛落入由清选筛与风机组合的清选室中，大部分花生荚果落到清选筛面上，随着筛箱振动穿过筛面落到花生荚果收集装置中。物料下落过程中，风机吹出的气流将碎秧杂叶等轻杂物吹走，较大的碎秧杂叶无法穿过筛孔从筛面上落下，经碎秧杂叶排出口排出机外。

清选装置的工作原理如图 5-23 所示。

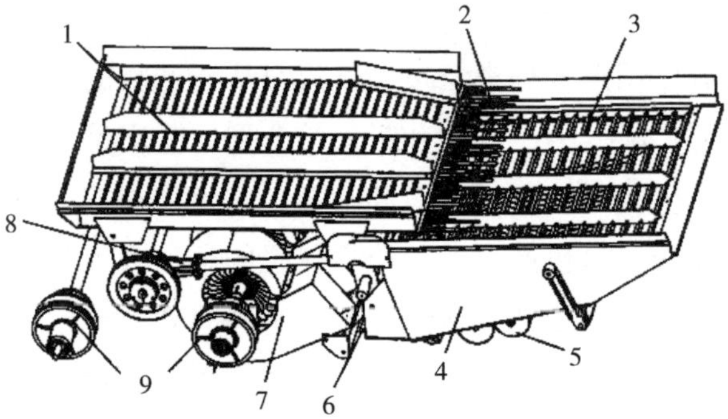

图 5-22 清选装置整体结构

1. 输送筛 2. 前端指状筛 3. 清选筛 4. 后端花生落果槽 5. 圆盘式除柄刀盘 6. 花生荚果收集装置 7. 风机组 8. 偏心机构 9. 无级变速轮组

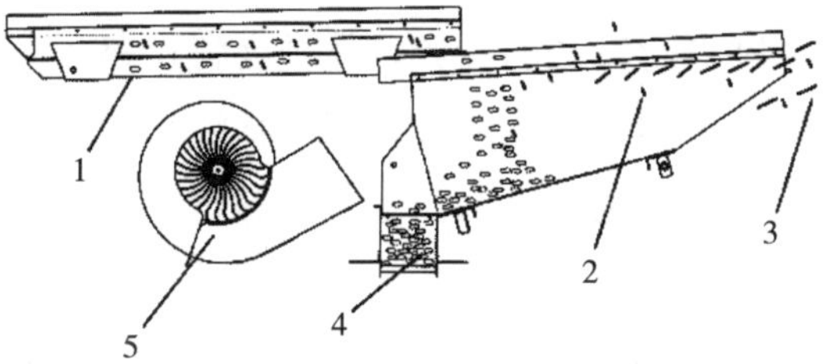

图 5-23 清选工作原理

1. 花生荚果 2. 短茎秆 3. 长茎秆 4. 花生荚果收集装置 5. 风机组

4.4.1 清选装置类别

（1）按筛片结构分类。按照筛孔的形状和结构，清选装置可分为鱼鳞筛、冲孔筛、编织筛等。鱼鳞筛可以调节开合度，杂物不容易堵塞筛孔，生产效率较高，一般用作上筛。冲孔筛孔多为圆形和长孔，结构简单，一般用作下筛，适用于需要进行精细筛选的作业环节。编织筛用铁丝编织而成，筛网容易被花生秧蔓等柔性物料挂住从而造成堵塞，且筛面强度较低，在使用过程中容易发生变形。

（2）按清选风道分类。按照清选风道数量，清选装置可分为单风道、双风道和多风道。现有的花生收获机清选装置中普遍采用单风道清选装置，它的结构简单，但存在气流不太稳定的问题。双风道清选装置中两个风机同时工作，能够产生较大的风量，运转可靠性比较高。近年来，三风道风选系统也应用于轴流式花生联合收获机上，清选效果得到显著提升。

(3) 按气流作用形式分类。按照气流对待清选物的作用形式，清选装置可分为吹出型、吸入型、吹出和吸入结合型。吹出型清选装置利用风机产生的气流对花生荚果实进行分离和筛选。吹入型清选装置中，吸风道配置在进风口的前面，风机产生的负压将较轻的杂物吸入风道，较重的杂物落入收集装置中。吹入型装置清选潮湿的物料时效率比较低，清选分离较困难，功耗比较大。吹入和吹出结合型清选装置中两个风机同时工作，一个风机在筛子前端产生正压气流，另一个风机在筛子后端产生负压气流，大大提高了清选效率。

4.4.2 清选装置设计

一般情况下清选装置包括输送筛和清选筛，输送筛承担着将摘果后的花生荚果及碎秧杂叶进行输送的任务，并且会将物料摊薄，为后续清选创造有利条件。清选筛依据不同物料的物理性状将它们分离开来。

输送筛承接摘果滚筒摘下来的花生荚果等物料并输送到清选筛，主要包括阶梯式振动输送台和指状筛。在果秧分离通道下方，输送台板从入口到出口倾斜向上安装。若输送台倾角过小，物料停留时间短，不易被摊平，增加了后续清选作业的难度。若输送台倾角过大，湿度较大的物料输送阻力大，极有可能会被碎秧、果壳以及泥土等杂物堵塞输送通道。为使振动输送过程均匀、高效，振动台倾斜角度选定为2°。输送台上还设有纵向导流板和斜向导流板，引导花生荚果向出口流动。

清选筛位于输送筛的后下方，由阶梯式清选筛和花生落果槽组成。阶梯式清选筛由三角槽梯和导流加强板组成，整体结构如图5-24所示。花生落果槽用于收集清选后干净的花生荚果。一般情况下，花生落果槽的宽度与输送筛保持一致，以便更好地承接清选后的花生荚果，提升清选装置整体的工作协调性与效率。

清选作业过程中，花生荚果及长茎秆等杂物一同落到三角槽梯上，随着筛面向后推动，风机向清选室吹出气流。当气流经过三角槽梯出风口时会被均匀分散。由于相邻的三角槽梯之间形成凹形槽，使此处风速增加，有利于花生荚果与杂物的分离。最终花生荚果落入花生果槽内，长茎秆等杂物经过筛尾被输送到杂秧收集装置中。

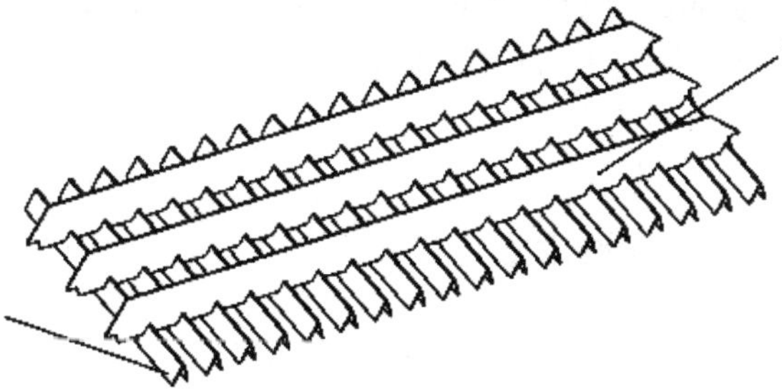

图 5-24　阶梯式清选筛

1. 三角槽梯　2. 导流加强板

5　花生收获机的使用及维护保养

5.1　花生收获机使用

花生收获机初次使用应整车停放在平地，检查油底壳中的机油是否在机油标尺的上、下刻度之间，超过上刻线会导致排机油、低于下刻线会导致拉瓦、拉缸。检查水箱中的冷却液是否缺少，如果冷却液缺少会产生高温，也会导致拉缸。同时，还应检查油箱中的柴油是否充足，若不足及时加注柴油。

花生收获机入地头时，首先拉动转向手柄或转盘，对准花生位置，操纵收获大架手柄向前，开启挖掘、夹持输送以及摘果装置。根据实际的花生长势，调整限深操作手柄，使其符合花生高度，低转速情况下缓慢拉起主离合器，拉动油门，给以合适动力，缓慢松开行走离合器，并逐步提升收获机转速，缓慢运行，开始作业。在此过程中，为了提升工作效率，避免损失，实现无缝隙作业，可在地头预铺机器通道。

花生收获机正常作业期间，发动机转速保持 1 600～2 000r/min，锁定手油门。在此期间，操作人员禁止离开收获机，确保收获机的稳定运行状态。整个正常作业期间，应顺着花生种植的沟垄进行作业，根据实际的地形、地貌，保持适宜的作业速度，另外在作业期间，时刻观察作业质量，适时调整作业速度。地头转弯时，升起收获架之后，方可掉头，进行下一行作业。田间工作期间，有坡度的地方应保持低速行驶。整个收获过程中，禁止对运动部件进行维护操作，防止各类安全事故发生。收获完成后，待机械系统完全停止运转，收起收获架，熄火，关闭电源总闸，拔出钥匙。

5.2 花生收获机故障的排除

（1）摘果不净。

摘果不净表现为：机器排出的秸秧上有未摘净的果实，时多时少，有时甚至整株花生没有摘果。

产生摘果不净故障的原因主要是：摘果辊上的摘果叶片粘泥或缠绕地膜、杂草，造成堵塞；收获机行驶偏离花生垄沟，造成所夹持的花生秧高低不齐，超出摘果叶片打击范围；夹持位置太高，致使所夹持的花生秧结果部分超出摘果叶片打击范围，甚至在摘果辊的作用力下直接掉落；发动机转速低，致使各收获部位转速不够。

排除摘果不净故障的方法是：清理摘果轮叶片和缠绕的地膜、杂草，把握好机器前进方向，使收获器正对花生垄，切勿来回猛拉转向杆左右摇摆；调整限深轮，使夹持链条入口距离地面 5～7cm，确保花生秧夹持高度在摘果辊叶片打击范围内；掌握好发动机转速，使其在中油门以上，发动机转速在 1 600～2 000r/min。

（2）机身不稳。

机身不稳表现为：机身出现明显的脉冲式抖动，甚至出现机身前部被抬起现象。

产生机身不稳故障的原因主要是：花生收获机扶禾器尖端距离地面过近，造成尖端插入泥土导致机头下沉，整体设备抬升；土质较硬、挖掘铲下潜过深导致挖掘铲挖掘阻力过大，难以铲断前方土壤，甚至造成挖掘铲断裂变形；夹持链距离挖掘铲过近，达到理想下铲距离时，夹持链已进行推土前行，严重时会导致机头下沉，机身抖动、抬升。

排除摘果不净故障的方法是：调整扶禾器尖端与地面距离，保证设备在正常作业条件下扶禾器尖端恰好起到扶禾作用；在设备作业 2～3 天前充分灌溉浇水，保证浇水深度距离地面 20cm 左右，若土质确实较硬，可缓慢驾驶车身，抖动时可适量抬升挖掘铲；适当调整夹持链末端与挖掘铲之间的距离，夹持链下端与挖掘铲距离应大于 18cm。

（3）脱土不净。

脱土不净主要表现为：挖掘完成后，机械震动不足，花生上残留大量的泥土。产生脱土不净的原因主要是：铲土过深后引起震动力度不足，震动不充分；拍土器过小导致震动不足。

排除摘果不净故障的方法是：适当地调整中央拍土装置宽度，降低挖掘铲入土深度，抬高夹持链高度，使其高于地面 5～7cm；加大拍土器作业面积。

（4）掉果多。

掉果多主要表现为：机械收获后，花生掉落地面较多，严重影响收获效率。

产生掉果多的原因主要是：挖掘铲抬得太高。可通过不断调整限深轮以调整挖掘深度，与脱土不干净的调整方法类似。

（5）抛撒损失。

抛撒损失的表现为：清选振动筛尾部有大量的碎秸秆和果实排出。

产生抛撒损失故障的主要原因是：收获的花生田块有大量死秧、烂秧、杂草，致使摘果辊发生缠绕堵塞；打落的碎秸秧堵塞振动筛，导致摘落的花生落于已摘秧秆上，与秧秆一同被吹出。

排除抛撒损失故障的方法是：定期对振动筛进行清理，清除筛条空隙中的泥土、杂草、地膜等堵塞物。

（6）含杂率高。

含杂率高的表现为：果实中泥土和杂质太多。

产生含杂率高故障的主要原因是：土壤过湿导致植株根部粘连过多土壤，拍土器难以将其拍落；土壤过干导致植株根部粘连板结土块，拍土器难以将土块拍落，进入振动筛难以与花生荚果分离；植株湿度过大，表面有大量露水，露水与干性土壤混杂形成大量球形土块；杂草过多。

排除含杂率高故障的方法是：收获土质过干应调整犁刀后方的拍土器，以能抖掉大部分泥土且不抖掉花生为宜。强行收获土壤太黏、植株湿气过重或杂草过多的地块，会导致摘果辊和振动筛堵塞，造成摘果不净和抛撒损失，此时应更换收获田块，避免损坏收获机。

（7）夹持输送链条堵塞。

夹持输送链条堵塞的具体表现为：夹持输送链条被卡住，停止运转。

产生夹持输送链条堵塞故障的主要原因是：石块、泥土进入夹持链条或夹持链前方存在大型板结土块；夹持链条传动系统的皮带打滑。

排除夹持输送链条堵塞故障的方法是：停机检查，清除夹持的杂物；张紧皮带，排除夹持链条传动系统的皮带打滑现象；定期对夹持链条托轨和各活动支撑杆进行润滑。

（8）机头壅土。

机头壅土的表现为：挖掘铲与夹持链条之间堆积大量的泥土和未夹持输送的花生秸秧，造成机头堵塞。

产生机头壅土故障的主要原因是：收获地块土壤湿度过大；田间蔓类和丛生杂草太多；花生秸秧倒伏严重；挖掘铲深浅位置不合适。

排除机头壅土的方法是：将挖掘铲中部刃口与夹持链条入口底部距离调整至 20cm 以上；重新选择收获地块。

5.3 花生收获机维护保养

班次作业后应及时维护，每班作业完成后，应及时清理作业部件上的杂草、泥土、地膜等，以免这些杂物长时间附着在机器上，导致机械生锈、发霉，进而影响机器正常运转。使用一周后，要对万向轴、轴承部位、夹持链等加注机油，并及时检查各润滑点，补充机油；若发现皮带有严重磨损，应及时更换新的作业皮带。每季作业后都要进行季度检查，不仅要及时清除机器上的异物，还需松解三角带，检查轴承，并加足黄油。存放花生收获机时，尽量选择通风遮阳的位置，可用具有一定高度的垫子将收获机垫高，以达到防潮防霉的目的。挖掘铲、限深轮应与地面保持一定高度，最好用塑料薄膜覆盖收获机，若有条件，最好将其存放于相关库房内。此外，空气滤清器是发动机进气系统的关键部件之一，其作用是为发动机提供清洁空气。花生收获机的工作环境尘土多，这使得普通空气滤清器在此环境中的清灰周期大幅缩短。若使用常规空气滤清器，每工作 1～2 天需要清理空滤。如果保养不及时导致滤芯破损，杂质会进入发动机内部，可能造成发动机的早期磨损，引发拉缸等重大故障。

5.3.1　柴油发动机保养

定期保养是合理使用柴油机的重要环节，要想使柴油机保持良好的技术状态，就必须按规范进行认真的技术保养。图 5－25 为柴油机示意图。

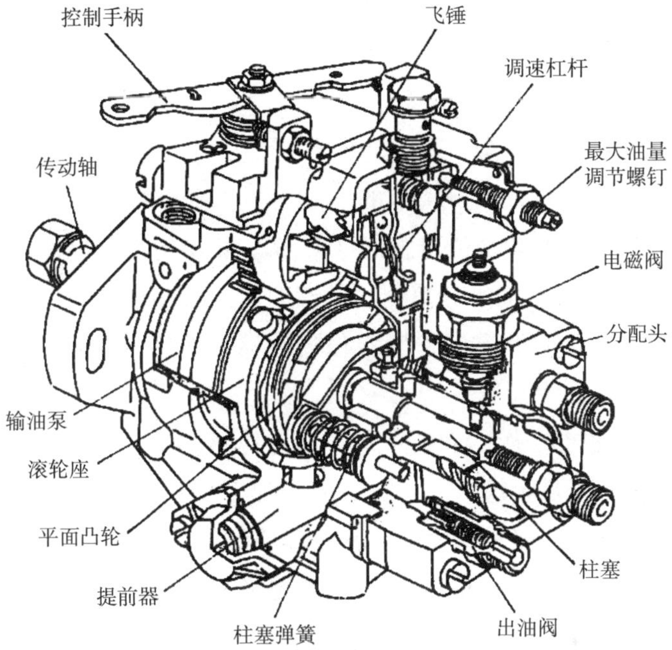

图 5－25　柴油机示意

在保养时，要特别注意零部件的清洁。所拆卸的零部件在重新安装前，应清洗干净，确保安装正确，随后开机检查运转情况是否正常。

技术保养分类如下：

①日常（班）保养（工作 8～10h），②一级技术保养（累计工作 50h），③二级技术保养（累计工作 250h），④三级技术保养（累计工作 500h），⑤冬季使用技术保养。

（1）日常保养。

①检查油底壳的机油油面，确保其处于油标尺两刻度之间，若不足需添加。若油面出现突然升高或降低的情况，务必找出原因。

②检查水箱内的冷却水量，水量不足时应及时添加。

③检查蓄电池电解液液面高度，需保持高出极板 10～15mm，若不足需添加蒸馏水。

④检查燃油箱内的燃油量，若不足需添加。

⑤检查柴油机各连接部位是否牢靠，查看紧固件有无松动，若存在松动情况则应及时排除。

⑥排除柴油机运转时所发现的故障、“三漏”（漏油、漏水、漏气）现象和一切不正常状况。

⑦油水分离器的排水方法。

a. 将整车停放在安全、平坦的地方。

b. 将接油盘放在油水分离器的下方。

c. 逆时针方向拧紧水位传感器（大约 5 圈），按压油水分离器手动输油泵 10 次排水，直至油水分离器注满燃油。

d. 排水后，顺时针方向拧紧水位传感器，然后上下按压手动输油泵 5 次。

e. 启动发动机，确认油水分离器水位传感器无漏油现象，同时检查油水分离器指示灯是否熄灭。

（2）一级技术保养。除完成日常保养项目外，还须进行以下操作：

①更换机油滤清器。每满 250h，需更换机油滤清器罐，同时更换油底壳内机油，清洗油底壳、机油泵及油盘。

②检查气门间隙，必要时进行调整。

③检查、调整风扇皮带的张紧度。

④检查、调整柴油机的怠速。

⑤清除空气滤清器内及滤芯上的积尘。

⑥清洗输油泵进油管螺栓内的滤网。

（3）二级技术保养。除完成一级保养外，还须进行以下操作：

①更换柴油滤清器滤罐（累计工作 400h）。

②更换空气滤清器滤芯。

③对起动电机、发电机和蓄电池进行技术保养。

（4）三级技术保养。除完成二级技术保养外，还须进行以下操作：

①清除冷却系统的水垢。

②检查供油提前角，若不符合要求则进行必要的调整。

③检查主轴承螺栓、连杆螺栓和气缸盖螺栓的紧固程度，对扭矩不足

的螺栓要按照规定扭紧扭矩。

④检查水泵的工作性能，并对其加注润滑脂。

⑤拆卸、检查充电发电机和起动电机，进行清洗保养，并加注润滑脂。

⑥根据实际情况判断是否需要拆卸气缸盖，修研气门座，并清除燃烧室积炭。

⑦根据实际情况决定是否需要校正喷油泵。

⑧根据实际情况决定是否需要拆卸检查机油泵。

⑨根据实际情况判断是否需要更换某部分的易损件。

（5）冬季使用技术保养。在环境温度低于 5℃时，柴油机的使用需进行特别维护。

①必须使用适用于冬季的燃油和机油，并留意燃油中的含水量，防止因水分冻结而影响使用。

②冷却水最好加注防冻液，若未使用防冻液则在停车后，待水温降至 40～50℃时，及时将冷却水排放干净。

③在严寒的季节和地区，车辆不宜露天停放。

④冷起动柴油机时，可将机油和冷却水加热。

（6）柴油机的封存。当柴油机准备长期停止使用时，可按照以下方法进行封存：

①停车后，应在柴油机尚热时，及时放净机油、冷却水和燃油，并对油底壳及机油集滤器进行清洗。

②清除柴油机外表面附着的灰尘和油污。对于未涂漆的零件，需涂抹防锈油进行防护，但橡胶及塑料制品不可涂油。

③将过滤后的机油加热至 110～120℃，持续加热直到泡沫完全消失。然后将经脱水处理过的机油加入油底壳，使油位达到机油标尺的上刻线，并转动曲轴，使整个润滑系统都充满机油。

④从气缸盖上的喷油器安装孔向气缸内注入少量脱水机油，然后转动曲轴，使机油均匀附着在活塞、活塞环、气缸套及气门密封面上。

⑤进、排气管（消声器）口应用木塞堵住或用塑料布包好，防止杂物落入。

⑥柴油机应放在通风良好、干燥且清洁的场所内，并为其加罩，防止灰尘落入。同时，严禁在柴油机附近堆放化学药品。

采用上述油封方法，柴油机可有效封存三个月。若超过此期限，则需重新进行油封处理。

5.3.2 柴油发动机构件保养明细及油液加注事项

（1）空气滤清器。空气滤清器的作用是过滤柴油机吸入空气中的灰尘，防止灰尘进入气缸导致缸套、活塞、活塞环磨损而出现烧机油的情况。其中主滤芯保养方法是轻拍或使用毛刷去除灰尘，然后用压缩空气从滤芯内部往外吹。安全滤芯保养方法是轻拍滤芯，不可使用压缩空气吹（若灰尘不明显可不进行保养）。保养空气滤清器时还须注意空气滤芯可以多次使用，其更换频率要根据使用环境的灰尘状况而定，要根据实际情况不定期进行清理、更换。在耕地、收割期间连续使用时，建议每天清理3～5次，如果滤芯变形需要更换滤芯。此外，要不定期检查进气管路、空气滤清器有无破损现象。在安装清理后的滤芯时应检查滤芯的密封圈是否损坏、脱落，并确保其安装紧固。若需更换滤芯，应避免使用劣质产品，因为劣质滤芯过滤效果差、密封圈密封效果差，容易使灰尘进入气缸，加快缸套、活塞、活塞环的磨损，导致烧机油、下窜气等问题，还会增大发动机进气阻力，使柴油机因进气不足而功率下降。

（2）柴油滤清器。柴油滤清器的作用主要是滤除柴油中的颗粒、杂质。使用过程中应不定期清理，如发现柴油滤清器破损需及时更换，应避免使用劣质柴油滤清器，因为劣质滤芯的滤纸孔径大、均匀性差、过滤效率低，会造成喷油器、喷油泵早期磨损。除此之外，劣质滤清器滤芯的胶粘剂不耐油，粘结不牢固，易导致滤芯短路，无法有效滤除杂质，从而缩短喷油器、喷油泵使用寿命。同时，劣质滤清器的内部密封圈橡胶件不耐油，密封容易失效，形成短路，同样无法滤除杂质，进而造成喷油器、喷油泵早期磨损。另外，还须注意柴油滤清器使用400小时后必须进行更换。

（3）机油滤清器。机油滤清器的作用是去除机油中的灰尘、金属颗粒、碳沉淀物和炭烟颗粒等杂质，以保护发动机。使用时应不定期清理，若机油滤清器破损需及时更换，应避免使用劣质机油滤清器，因为劣质机油滤清器滤芯中滤纸孔径大、均匀性差、过滤效率低，会造成曲轴、四配套的早期磨损。胶粘剂不耐油，粘结不牢固，导致滤芯短路，无法滤除杂质，进而造成曲轴、四配套的早期磨损。劣质滤清器内部密封圈橡胶件不耐油，密封失效，形成短路，无法滤除杂质，最终造成曲轴、四配套的早期磨损。

（4）水箱。柴油机的水箱一般由主机厂配备。由于农装产品的作业环境差，灰尘较多，容易使水箱堵塞进而造成柴油机高温。因此，必须及时对水箱进行清理。清理时，可使用毛刷或压缩空气去除灰尘、秸秆等杂物。需要注意的是，清理过程中严禁用水冲洗水箱，因为这可能会使灰尘粘结在水箱表面，导致难以清理。

（5）水箱防尘罩。水箱防尘罩主要用于防止秸秆等杂物被吸入到水箱表面。其清理方法与水箱类似，可使用毛刷或压缩空气去除灰尘、秸秆等。同样，在清理水箱防尘罩时，禁止用水冲洗，以免灰尘粘结在水箱防护罩的表面，导致难以清理。

（6）电瓶。电瓶依靠发电机进行充电，如果发电机工作异常会导致电瓶亏电。电瓶亏电时要及时使用外接充电器进行充电。日常使用中应注意电瓶的保养，确保电瓶正负极接触良好，并且保持电瓶外表面干燥、清洁。

（7）仪表盘。驾驶员在驾驶过程中要时刻留意仪表指示灯，如水温、机油压力、转速等相关指示。如有异常，应立即停车检查。在驾驶时，应尽量让发动机在合理的转速范围内运转，这样既能得到最佳的动力性能，又能保证良好的经济性和排放性。同时，要避免发动机长时间超负荷工作。

（8）柴油。柴油品质是影响发动机使用寿命、性能和排放的重要因素。劣质柴油会给燃油系统零部件正常使用带来极其严重的负面影响，甚至会造成重大损失。劣质柴油中的颗粒物会导致堵塞、卡死、异常磨损；含水及添加剂会导致锈蚀、腐蚀；柴油中如果含铜、锌等元素会导致油嘴积碳等。因此，在不同的地区和不同的季节应根据环境温度选择合适牌号的柴油，这样才能保证柴油机启动和运转。加注柴油务必在正规大型加油站进行，加注劣质柴油后不仅需要支付大笔的维修费用，同时也会缩短燃油系统的使用寿命。同时，在注油操作中禁止在柴油中掺入汽油、水或其他添加剂；不能把柴油消耗完再加油，否则燃油系统进入空气导致柴油机不能顺利启动；盛放柴油的容器要清洁、干净，要保持加油口的清洁，保持油箱通气孔不被堵塞。

（9）机油。柴油机正常使用过程中，会消耗一定量的机油，柴油与机油的正常消耗比例约0.3%。应注意要在不同的季节根据环境温度选择合适牌号的机油。机油应从品牌方或正规渠道购买，避免使用劣质机油而导致柴油机故障。柴油机每工作250小时要更换机油，要经常检查机油，当发现机油变稀、变稠、焦化时需要及时更换。若使用劣质机油或不按要求更换机油不仅会影响柴油机正常启动，同时将会导致增压器损坏、拉瓦、拉缸等严重故障。严禁不同品牌或不同牌号的机油混用。更换机油时必须同时更换机油滤芯。

（10）冷却液。一般情况下可以使用清洁的软水（如纯净水）或防冻液作为柴油机的冷却液。在只有硬水的条件下，应将硬水软化，硬水软化的方法有：把硬水煮沸沉淀后去除沉淀物即可使用；或在硬水中加软化剂，如每升水加0.5～1g碳酸钠（纯碱）或0.5～0.8g的氢氧化钠（烧碱）。所以，在加注冷却液时应避免使用井水、河水、矿泉水等硬水作为冷却液，防止冷却系统结垢高温。如果冷却系统渗漏，导致冷却液不足，排除故障后，应加入同样牌号的冷却液（应在发动机完全冷却后加注冷却液）。禁止使用劣质防冻液，劣质防冻液会使发动机零部件锈蚀，降低发动机使用寿命。如果使用水作为冷却液，冬天不使用时一定要把机体、冷却器中的水放净，防止冻坏机体、冷却器。

（11）设备封存及启用。设备长时间不使用时，应存放于室内，如存放在室外需要对产品进行防护，避免风吹日晒导致柴油机故障。存放前要放净冷却液、柴油、机油，避免因冬天低温冻坏柴油机零部件。如果需要重新使用设备时，需要对柴油机进行一次全面检查，按规定加注机油、冷却液、柴油。

5.3.3 柴油发动机故障及排除方法

（1）柴油机不易启动。

①起动电器系统故障。起动电器系统故障涵盖多个方面。一是蓄电池

电量不足，无法为启动提供足够电能；二是启动开关损坏，致使电路无法正常导通；三是接线错误或接头松弛影响电流传输；四是起动电机不转或动力不足；五是起动电机齿轮不能嵌入飞轮齿圈；六是预热塞未能预热或预热时间太短。针对这些故障，排除方法如下：及时充电，更换开关、检查线路、拧紧接头，清洗电磁开关，修理整流子或碳刷接触面，更换碳刷，检查、修理电抠电圈，检查起动电机安装情况，进行预热。

②燃油系统故障。燃油系统故障表现形式多样，包括：燃油箱中无油或油箱开关未开，燃油系统中有空气、油中有水、接头处漏油，油路及滤油器堵塞，输油泵、喷油泵不供油或供油提前角不对，喷油器不喷油或喷油很少，压力太低，雾化不良，喷油器调压弹簧断，断油孔堵塞，喷油泵出油阀漏油、弹簧断、柱塞偶件磨损。故障排除方法包括：加入柴油，打开开关；排出空气，另换柴油；拧紧接头；清洗管路，清洗或更换柴油滤清器滤芯、清洗输油泵进油管及其滤网；检查输油泵、喷油泵是否供油，调整供油提前角；拆修喷油器并在喷油器试验台上调整喷油压力，清洗、修理或更换喷油器偶件；更换弹簧，研磨，修复或更换零件。

③气缸压缩压力不足。气缸压缩压力不足原因包括：气门间隙过小、气门漏气、气缸盖衬垫漏气，活塞环磨损、胶结，开口位置重叠。故障排除方法包括：检查气门间隙并调整；检查气门弹簧及气门密封情况，研磨气门；更换气缸弹簧衬垫，按规定拧紧气缸盖螺栓；更换活塞环，进行清洗，调整开口位置。

④其他故障。其他导致柴油机不易启动的因素包括：气温太低、机油的黏度过大、燃烧室或气缸中有水。排除方法包括：用热水灌入冷却系统，使用起动预热，使用规定牌号机油，检查相关部件，修理或更换零件。

（2）柴油机功率不足。

①汽缸压缩压力不足。汽缸压缩压力不足的因素包括：气门漏气，气门弹簧断，气门间隙不对，活塞环积炭，卡死或磨损，气缸盖衬垫漏气。排除方法包括：检查气门密封情况，研磨气门；将活塞摇至上止点，更换气门弹簧；调整气门间隙、清除活塞环积碳或更换活塞环；拧紧气缸盖螺栓；更换损坏的气缸盖衬垫。

②燃油系统工作不正常。燃油系统工作不正常的因素包括：燃油供给不足，油路堵塞或漏油；供油量前角不对；喷油器雾化不良或压力不对；喷油泵柱塞磨损；调速弹簧松弛，未达额定转速。排除方法包括：检查油路是否堵塞、是否漏油或油箱缺油；调整供油提前角；检查喷油压力，修复或更换喷油嘴偶件；送工厂更换柱塞；调整高速螺钉，更换调速器弹簧，清洗或更换滤芯。

（3）柴油机排气烟色不正常。

①排气冒黑烟。当柴油机出现排气冒黑烟的情况时，可能由以下原因导致：负荷过重；喷油泵供油过多或各缸供油不均匀；气门间隙存在偏差，气门密封不良；气门或活塞漏气；供油提前角过小，燃烧太迟，部分燃油在排气过程中燃烧；进气管、空气滤清器严重堵塞，进气不畅；喷油嘴雾化不良，偶件卡住；喷油泵柱塞弹簧断。排除方法包括：减轻负荷；调整各缸供油量，减少供油不均匀度；调整气门间隙，研磨气门；检查气门、气门弹簧或活塞环；调整喷油泵供油提前角；清除滤芯上的灰尘或更换滤芯；清洗、修复、调整或更换偶件；更换全新的柱塞弹簧。

②排气冒白烟。柴油机排气冒白烟，原因通常有：喷油压力太低，雾化不良，有滴油现象；冷却水温过低；柴油中有水；气缸中有水；压缩压力不足。排除方法包括：检查并调整喷油压力，修复或更换喷油嘴偶件；提高冷却水温；检查柴油质量，检查气缸盖衬垫；排除漏水故障。

③排气冒蓝烟。柴油机排气冒蓝烟，原因通常有：活塞环、活塞、气缸套磨损过大，因积炭活塞环弹力不足，机油窜入燃烧室；油底壳机油面过高；活塞环卡死，气环上下装反。排除方法包括：检查、清洗或更换磨损件；检查油面，放出多余机油；对活塞环进行清洗，使其恢复正常活动，安装气环时，把有“上”字记号的一面朝上，或外圆柱面上开缺口的部分朝下。

（4）机油压力不正常。

①机油无压力或压力过低。机油无压力或压力过低的原因通常有：油底壳中机油油面太低；机油管路漏油严重；机油管路及机油滤清器堵塞；机油压力表损坏或压力表管路堵塞；机油泵内外转子磨损，间隙过大；主轴瓦、连杆轴瓦及凸轮轴衬套等严重磨损，间隙过大；机油泵调压弹簧变

形，断裂；机油泵垫片破损；油道堵塞、松动、脱落、漏油。排除方法包括：加机油至机油标尺刻线；检查机油管路，消除漏油问题；清洗管路及滤清器，必要时更换送清器滤芯；全面检查相关部件，对磨损过度的零件进行调整或更换；送厂修复，更换转子；更换损坏的机油泵调压弹簧，并对相关油路进行修理疏通。

②机油压力过高。机油压力过高的原因通常有：机油泵限压阀不正常，回油不畅；气温过低，机油黏度过大。排除方法包括：对机油泵限压阀进行检查调整，确保回油顺畅；使用规定牌号机油；热车自行降低。

③其他问题。机油压力不正常的其他问题还包括：摇臂轴处不上机油，气缸盖油道和摇臂轴支座底部的油孔阻塞。排除方法包括：加润滑油、清洗、疏通。

（5）柴油机过热。

①超负荷工作时间过长致使柴油机工作强度过大。同时，燃烧过程不佳，未能充分释放燃油能量。排除方法：减轻负荷，缓解运转压力；检查喷油情况，查看喷油是否均匀、喷油嘴是否存在堵塞问题，同时检查供油提前角及配气正时情况，依据检查结果进行精准调整。

②冷却水温过高。故障原因：水量不足或水管中形成气障；水箱及水道水垢太多；水泵工作不正常，风扇皮带太松或折断；节温器失灵。排除方法：加满水箱，提高水位，使冷却水位高于水泵出水口；清洗水垢；检查水泵间隙及皮带松紧程度使其达到合适强力，清除漏水现象；检查或更换节温器。

③机油温度过高。故障原因：机油不足或过多；机油压力低，流量不够；机油稀释变质或牌号不对；轴承间隙过小；活塞环漏气，活塞和气缸套磨损过大，燃气窜入曲轴箱。排除方法：检查机油油面是否在油标尺刻线之间；更换符合要求机油；调整各轴承间隙；检查或更换活塞环、活塞和气缸套，消除漏气现象。

（6）柴油机有异响。

①供油提前角过大，气缸内发出有节奏的金属敲击声。排除方法为调整供油提前角。

②喷油嘴滴油或针阀被咬住，从排气管中突然发出“嗒、嗒、嗒”的

声音。排除方法为清洗、修复或更换针阀偶件。

③连杆小头衬套与活塞间隙过大，会产生一种轻微而尖锐的声音，在怠速时尤为清晰。排除方法为更换连杆衬套，保持规定配合间隙。

④活塞与气缸套间隙过大，柴油机刚起动便会发出响声，此种响声随柴油机走热后减轻。排除方法为视磨损情况更换缸套或活塞。

⑤连杆轴瓦与轴颈配合间隙过大，当转速突然降低时，可听见沉重且有力的撞击声。排除方法为更换连杆轴瓦，保持规定的配合间隙。

⑥主轴瓦与主轴颈配合间隙过大，曲轴箱内有周期性的沉重闷击声。排除方法为更换主轴瓦，保持规定的配合间隙。

⑦曲轴止推片磨损，轴向间隙过大，在低转速运转时，听到曲轴前后游动碰击声。排除方法为更换曲轴止推片。

⑧气站间隙过大，在气缸盖罩壳内听到清晰的“嘀嗒”的敲击声。排除方法为调整气门间隙。

⑨活塞碰气门，在气缸盖处有沉重而有节奏的敲击声（把手轻轻放在气缸盖罩壳螺母上，能感觉到有活塞碰击产生的震动）。排除方法为适当加大气门间隙，修正连杆轴瓦的间隙，或更换连杆衬套。

⑩可听到活塞碰气缸盖底部发出的沉重有力的撞击声。排除方法为更换气缸盖衬垫。

⑪挺柱擦损，气门弹簧断，气门推杆弯曲，使配气机构发出轻微的敲击声。排除方法为更换挺柱、气门弹簧、推杆等，并调整气门间隙。

⑫齿轮磨损过大，正时齿轮室内发出不正常声音，当突然降低转速时，可听到撞击声。排除方法为更换齿轮。

（7）柴油机振动严重。

①各缸供油不均匀；个别缸喷油嘴卡死；雾化不良；个别缸存在漏气现象，压缩比相差较大。排除方法为调整供油量；修复或更换喷油嘴偶件；消除漏气点，检查调整各缸压缩压力。

②柴油机敲缸，工作粗暴。排除方法为检查并调整供油提前角，柴油机暖车后再加负荷。

③柴油机中有水，油路中有空气。排除方法为对柴油机进行沉淀除水操作，同时对油路进行放气。

④柴油机安装对中不佳，支承螺栓松动。排除方法为校正对中情况，紧固支承螺栓。

（8）油底壳机油油面升高。产生原因为气缸盖、机体出现裂纹；气缸盖垫片损坏，失去密封作用；气缸套封水圈损坏。排除方法为修理或更换气缸盖、机体；更换损坏的气缸盖衬垫；更换损坏的封水圈，恢复其密闭性能。

5.3.4　整车关键部件保养明细

（1）轴承。由于收获机工作环境粉尘较大，在单日作业后，应及时检查轴承保持架的磨损情况。如果磨损轻微则无需更换轴承，此时应加注润滑油以保持轴承处于润滑状态；如果保持架磨损严重，极有可能会导致轴承损坏，需要及时更换轴承。更换时需要选择合适的型号和等级，并按照正确的方法进行更换。需要注意的是，更换新的轴承时需要将轴承清洗干净，并确保配合良好。

（2）传动皮带、链及夹持链条。收获机完成单日作业后，应及时检查皮带张力。用拇指在最长的无支撑传动带跨度中间施加适度的压力。如果皮带下压约 10mm，表明皮带张力正好合适。如果传动带张力过大或过松，可能引发滑齿及传动不充分问题。如果传动带调整过紧，易使传动带拉伸变形，加速皮带轮和轴承的磨损。因此，应松开相关调整螺母或螺栓，将皮带张力调整到最佳状态。同时，应注意皮带磨损情况，因为当皮带磨损严重时，其与皮带轮的接触面积会大幅减小。此时，只要用力按压皮带，皮带就会陷入皮带轮的槽中。此外，还应注意皮带老化、有无裂纹。如果发现皮带表面有裂纹、剥落现象，或皮带运转时有滑动声，说明皮带可能即将断裂，必须立即更换。如果更换不及时，一旦皮带在作业过程中断裂，车辆将无法正常行驶。

收获机单日作业后，应及时检查传动链条。要及时调整链条偏差，链条长时间使用后，可能会出现偏差，同一传动组件的链条应处于同一平面内，链条距离中心允许偏差 1mm，但是不允许出现摩擦链轮齿侧面的情况，如果链条轮的偏差过大，存在脱链和加速磨损风险。及时检查链条的松紧度，若安装过紧，会增加机器的功率消耗；若安装过松，机器运转可能出现跳动甚至脱链。日常检查维护时，应将链条的松紧程度调整为提起或压下时两链轮中心距约为 2～3cm。同时，每日结束作业后应给链条注入润滑油。加润滑油的时候，需要将润滑油加到滚子和内套的配合间隙，这样才可以改善机器的工作条件，减少各部件的磨损。另外，如果机器长时间不使用，存放在仓库时，链条也需要及时拆下来用煤油或者柴油进行清洗，然后涂上机油或者黄油存放在干燥的地方，以防生锈。夹持链的保养方式与传动链类似。

（3）限深轮。收获机限深轮轴承处虽设有盖板防水，但仍需定期加强该部件的保养，长期处于潮湿环境会导致轮轴卡死磨坏。可在每季作业结束后进行保养，拆下限深轮，取出轴承放在清洁柴油中清洗，再加注钙基润滑脂润滑。同时，观察限深轮磨损情况，若出现严重磨损、断裂、卷皮等问题，应及时更换。

第6章 花生剥壳机械

1 概述

花生是我国极具国际竞争力的优质油料作物和重要的创汇农产品，同时，我国是世界花生第一出口大国，总产量居世界第一位，在世界花生生产和国际贸易中占有重要地位。剥壳是花生食用、加工和种植前的必经工序。传统的花生剥壳方法是手工剥壳，效率低，工时多，严重影响经济效益。花生剥壳机是将花生荚果去掉外壳而得到花生仁的剥壳作业机械，相比手工剥壳可以极大地提高花生的剥壳效率。但是由于花生本身的生理特点，导致花生剥壳不能和花生的田间收获实现联合作业，只能在花生荚果的含水率降到一定程度后才能进行剥壳。目前的花生剥壳机械在技术性能和作业环节上存在剥壳率低、剥壳后的果仁破损率高、损失大、机器性能不稳定、适应性差、通用性差和利用率低等问题。

发达国家对花生剥壳机的研究起步较早，早在20世纪60年代初期，美国就开始研究花生剥壳机，提高了花生剥壳机的剥净率、降低了花生仁的破损率，并取得了较好的成果。20世纪80年代初，美国的LIANG研制出了一种根据花生荚果尺寸分级同时对其进行剥壳的新型花生剥壳机，运用精准的变形控制技术使荚果向选定的方向运动。后来美国的Patel尝试运用激光技术逐一切割花生荚果，试验结果显示，这种方法切割得到花生仁的破损率几乎为零，但是这种方法效率低、费用大，不易推广。美国的Prussia和VERMA还曾试图用碰撞的剥壳原理研制一种新型花生剥壳机。目前，LMC（Lewis M. Carter）公司占有美国商用花生剥壳设备90%的市场份额。

1965年，原八机部下达花生剥壳机的研制课题，我国开始了对花生剥壳机的研制。但是，20 世纪 80 年代前，我国花生种植业并不发达，种植面积小且分散、产量小，劳动者用手工完成剥壳工作并不困难，并不适合推广剥壳机，所以花生剥壳机的研究、发展、推广和使用显得不是十分重要。20 世纪 80 年代初到 20 世纪 90 年代中期的时候，农村经济体制改革、花生种植面积增长、花生产量增高，低效的人工剥壳难以实现对大量花生荚果的剥壳作业，这时一些需要些人力的剥壳机械和结构简单、价格便宜、小型家用的简易动力剥壳机械逐渐被发展和应用，剥壳效率是人工剥壳的 10～15 倍，但其高达 5%～10%的破损率对农民的收入及我国农业经济的发展有极大的影响。20 世纪 90 年代后期，我国花生的消费量、加工利用量随着农业结构和市场需求大幅增加，花生产业迅速发展成为一种能促进经济发展的重要产业。这时结构简单的小型花生剥壳机很难满足花生生产的需求，人们开始重视对大型的花生分级精选、剥壳和深加工等机械的研制、开发创造和推广，随后就有了几十种新型花生剥壳机的问世，并推广到许多花生种植较广泛的地区。

2　花生剥壳机种类与原理

花生剥壳机是一种通过高速旋转的机体实现花生果—荚分离，清选出花生仁并保证其完整性的场上作业机械。由于花生荚果特殊的生理构造和生长方式，使得花生摘果和剥壳不能进行联合作业，只能先将花生荚果摘下，待其水分降低到一定程度后，才能开展剥壳作业，因此花生剥壳环节就显得尤为重要。花生剥壳机的种类繁多，主要有以下几种。

2.1　气爆式花生剥壳机

气爆式花生剥壳机属真空剥壳法，其理论依据是花生壳本身具有通透性这一特征。机器工作时先将花生荚果放置在密封容器内，然后对花生荚果充气以此来完成加压，使花生荚果内外压力在一段时间内达到设定的标准值，并维持容器内的压强。一段时间后，突然打开容器使花生荚果与大气接触，花生荚果在内外压差的作用下外壳破裂，图 6 - 1 为气爆式花生剥壳机。

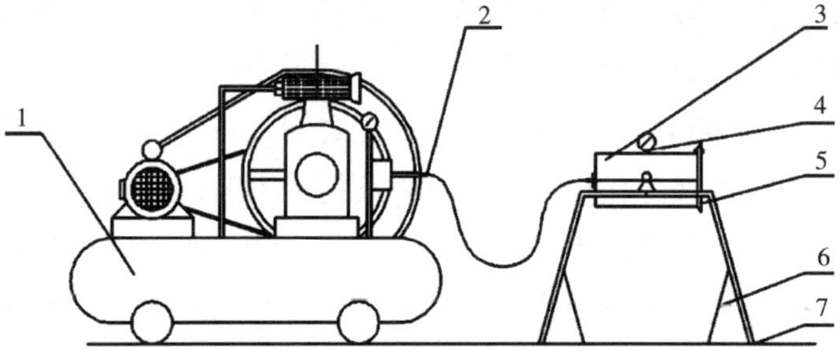

图 6-1　气爆式花生剥壳机

1. 空气压缩机　2. 高压胶管　3. 试验容器　4. 压力表　5. 活门　6. 开口布袋　7. 机架

2.2　双滚筒气力循环式花生剥壳机

双滚筒气力循环式花生剥壳机由电动机、机架、喂料斗、一次剥壳滚筒与凹板筛（一次剥壳装置）、振动筛与风机配合式清选装置、气力输送装置（风机与输送风筒）、二次剥壳滚筒与凹板筛（二次剥壳装置）等构成。其整体结构配置如图 6-2 所示。

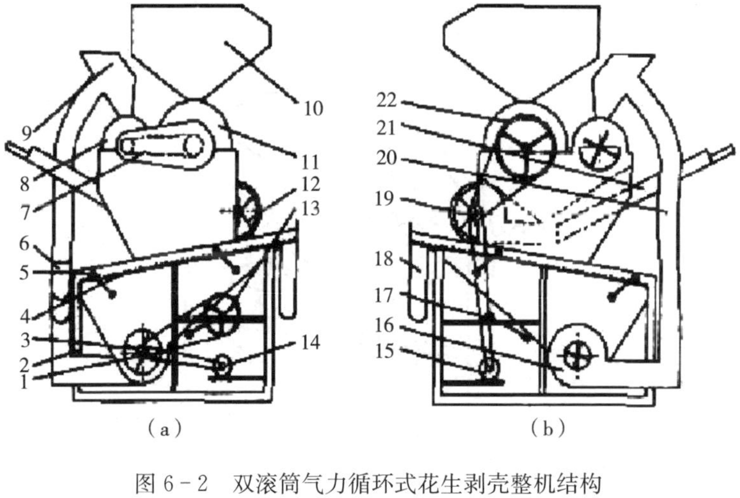

图 6-2　双滚筒气力循环式花生剥壳整机结构

1. 胶带轮　2. 机架　3. 输送风机　4. 振动筛　5. 吊杆机构　6. 未剥花生回收斗　7. 链轮组合　8. 二次剥壳滚筒　9. 二次剥壳喂料斗　10. 一次剥壳喂料斗　11. 一次剥壳滚筒　12. 分选风机　13. 胶带轮 2　14. 电动机　15. 电动机 2　16. 二次剥壳送料风机　17. 凸轮装置　18. 集仁口　19. 胶带轮 3　20. 二次剥壳输送风筒　21. 碎壳溜槽　22. 胶带轮

花生剥壳机工作原理与工作过程如图 6－3 所示。剥壳机启动之后，花生从一次剥壳喂料斗喂入。在一次剥壳装置中，花生受到一次剥壳滚筒打板的冲击、剪切和挤压，同时花生相互之间和花生与凹板筛之间，也存在挤压、摩擦与揉搓等作用。经过剥壳滚筒的不断循环打击，花生壳逐渐开裂、破碎，花生仁与花生壳分离。花生脱出物（脱出的花生仁、花生碎壳和部分未剥壳的花生荚果）在自身重力、打板与花生之间的挤压力、花生随打板运动的离心力作用下，透过凹板筛栅条间隙落入振动筛。脱出物落入振动筛的过程中，分选风机的气流将花生碎壳经碎壳溜槽吹出。花生仁与部分未剥壳的花生荚果落到振动筛上后，在振动筛与风机气流共同作用下，花生仁被输送到集仁口内。而未剥壳的花生荚果则经过未剥花生回收斗进入气力输送风筒，在送料风机气流的作用下被输送到二次剥壳滚筒内再次剥壳。由于二次剥壳装置的凹板筛栅条间隙、滚筒与凹板筛之间剥壳间隙较一次剥壳装置小，而且二次剥壳滚筒较一次剥壳滚筒转速高，能够使一次剥壳滚筒未剥壳的花生荚果实现剥壳，花生仁和花生碎壳从二次剥壳凹板筛栅条间隙中被分离出来。二次剥壳是一个循环剥壳过程，未剥壳的花生荚果将再循环一次剥壳过程。

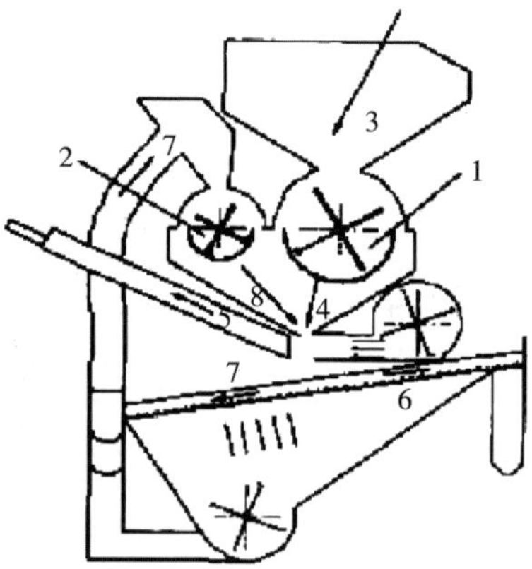

图 6－3　花生剥壳机工作原理示意

1. 一次剥壳装置　2. 二次剥壳装置　3. 待剥壳花生　4. 一次剥壳后的物料　5. 花生碎壳
6. 花生仁　7. 未剥壳的花生荚果　8. 二次剥壳后的物料

2.2.1　双滚筒循环剥壳装置关键参数

双滚筒气力循环式花生剥壳机关键装置是剥壳装置（一次剥壳装置、

二次剥壳装置）、气力清选装置和风筛振动分选装置。剥壳装置借助一次剥壳装置和二次剥壳装置对花生进行循环剥壳操作，这一装置直接决定了花生剥净率、花生仁破碎率、花生仁损失率和剥壳效率等。气力清选装置的作用是将花生剥壳装置脱出物中的花生碎壳清选出来。风筛振动分选装置的作用是通过鱼鳞式振动筛和气力综合作用，将花生仁和未剥净的花生荚果分出，未剥净的花生荚果在送料风机气流的推动下，被送至二次剥壳滚筒继续剥壳。剥壳装置主要由剥壳滚筒和凹板筛组成，因此影响花生剥净率、花生仁破碎率、花生仁损失率及剥壳效率的主要因素包括滚筒转速、凹板筛栅条间隙及滚筒直径。

花育 23 所需滚筒转速一般为 284～312r/min，四粒红所需滚筒转速一般为 363～396r/min。综合考虑这两个常见花生品种的需求，确定一次剥壳滚筒转速为 300r/min，二次剥壳滚筒转速为 375r/min。考虑到剥壳效率，根据花生三轴尺寸，并通过试验验证，设计一次剥壳滚筒和二次剥壳滚筒与凹板间隙分别为 30mm 及 20mm。剥壳装置结构原理如图 6－4 所示。花生荚果及花生仁相关参数如表 6－1 所示。

表 6－1　花生荚果及花生仁相关参数

品种	单个带壳花生（g）	带壳花生		花生仁	
		破壳力均值（N）	三轴平均直径（mm）	破仁力均值（N）	三轴平均直径（mm）
花育 23	2.8	50.2	12.51	107.05	9.56
四粒红	3.5	46.8	11.27	98.13	8.92

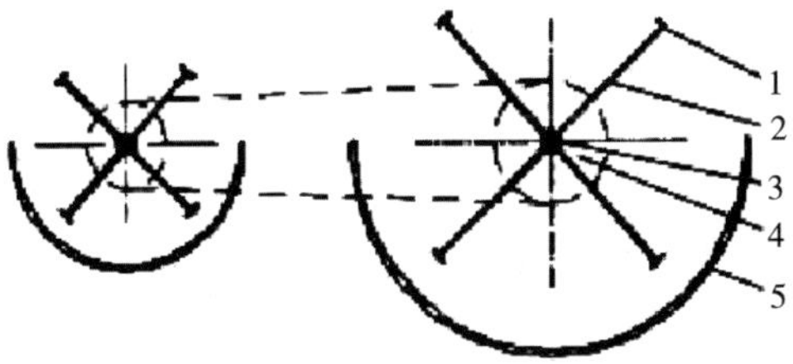

（a）二次剥壳装置　　（b）一次剥壳装置

图 6－4　剥壳装置示意

1. 滚筒打板　2. 支撑筋　3. 滚筒轴　4. 链轮组合　5. 凹板筛栅条

剥壳滚筒轴通过轴承座固定在机架上，凹板筛直接固定在机架上。一次剥壳滚筒和二次剥壳滚筒通过链轮传动，两滚筒中心距为 340mm。考虑到花生三轴的尺寸，一次剥壳未剥净的花生荚果需要通过二次循环剥壳再次打击和挤搓。针对不同品种的花生可改变凹板筛间隙。基于上述情况，滚筒及凹板筛设计如表 6－2 所示。

表 6－2　剥壳装置参数

部件	滚筒转速（r/min）	凹板间隙（mm）	滚筒直径（mm）	凹板筛直径（mm）	凹板筛栅条直径（mm）	凹板筛栅条间隙（mm）	滚筒长度（mm）
一次剥壳装置	300	30	200	260	5	10	660
二次剥壳装置	375	20	75	95	4	8	660

2.2.2　组合分选装置

组合分选装置是双滚筒气力循环式花生剥壳机的关键部件之一，其不仅需要及时地将花生仁与花生碎壳进行清选分离，还要将花生仁与一次剥壳滚筒未能剥壳、外形较小的花生荚果分选出来，以便通过气力输送装置将花生荚果送至二次剥壳滚筒进行二次剥壳。组合分选装置结构原理如图 6－5所示，主要由气力清选装置及风筛振动分选装置构成。气力清选装置由分选风机和碎壳溜槽组成，风筛振动分选装置由鱼鳞式振动筛和风筛风机组成。碎壳溜槽固定在机架上，风筛风机轴和分选风机轴通过轴承座固定在机架上。吊杆一端固定在机架上，另一端固定在振动筛上。

当电动机启动后，风筛风机、分选风机和传动轴在胶带轮的带动下转动，振动筛在偏心轮带动下由平行四杆机构实现往复振动。从凹板筛落下的物料中，花生碎壳在分选风机气流的作用下通过碎壳溜槽被吹出机外，花生仁与未剥壳的花生荚果落到振动筛上，振动筛和风筛风机气流的共同作用，花生仁被输送到集仁口内，未剥壳的花生荚果则在送料风机的作用下通过气力输送风筒被输送到二次剥壳滚筒，实现二次剥壳。二次剥壳装置不断接收气力输送装置送来的未剥壳花生荚果，实现循环剥壳。

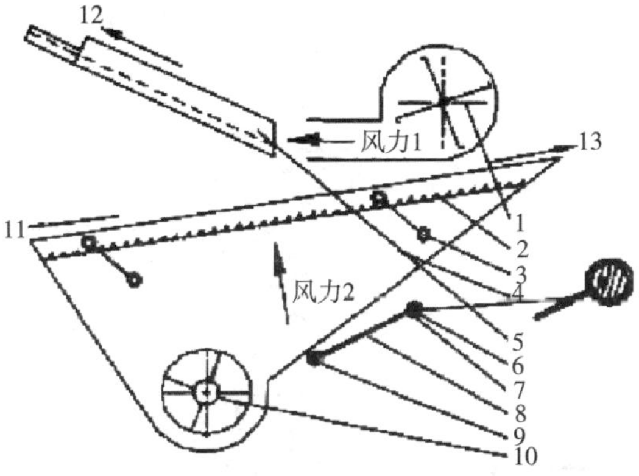

图 6－5　组合分选装置结构

1. 二次剥壳滚筒链轮　2. 一次剥壳滚筒链轮　3. 一次剥壳滚筒胶带轮　4. 风筛风机胶带轮 1　5. 风筛风机胶带轮 2　6. 电动机 1 胶带轮　7. 电动机 2 胶带轮　8. 偏心轮轴胶带轮　9. 偏心轮轴　10. 偏心轮　11. 分选风机胶带轮 1　12. 分选风机胶带轮 2

2.3　直立锥滚筒式花生剥壳机

直立锥滚筒式花生剥壳机，主要由均布喂料装置、锥形剥壳装置、气吸清选装置、动力及减速传动装置、组合式机架等构成。总体结构呈现各装置从上到下布局，花生荚果从机器上部喂入，依次经历剥壳、清选等流程，最终花生果仁从机器下部流出。

清选装置和剥壳装置是花生剥壳机的两个关键部分。若采用同轴线传动，二者对转速的要求存在差异，气吸清选装置中的风机需要较高的转速，而剥壳滚筒则要求相对低的转速，因此二者需采用差速传动方式，以满足各自工作需求。

现行卧式花生剥壳机或由一台电机通过多级皮带和链传动驱动，或选用两台各自独立的电动机驱动，不仅经济性差且整机结构较大。根据花生剥壳机直立结构特点，将所有工作装置按同一垂直轴线布置，既可使传动路线简化也使整机结构紧凑。传动路线为：电动机皮带传动将动力传递给风机轴即一级传动；通过清选风机的伸长轴、下联轴器、行星轮式减速器和上联轴器，将动力传递给锥滚筒轴，实现了二级减速传动。具体传动系统构成及传动路线如图 6－6 所示。

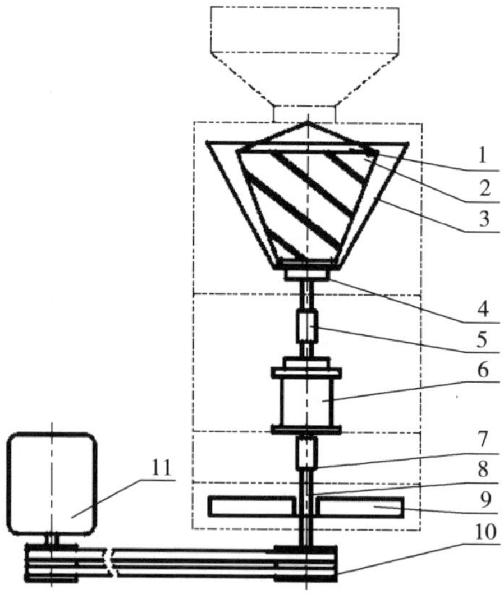

图 6－6　直立锥滚筒式花生剥壳机传动系统布置
1. 喂料均料锥　2. 锥滚筒　3. 锥凹板　4. 剥壳轴　5、7. 联轴器　6. 行星减速器
8. 风机轴　9. 风机叶轮　10. 皮带传动　11. 电机

直立锥滚筒式花生剥壳机各装置主要工作原理。

（1）均布喂入原理。花生剥壳机启动后，花生荚果从喂料斗投入，落到锥滚筒顶部的均料锥上。花生荚果受自身重力作用，会与均料锥分流片产生摩擦并在分流片的导流作用下，滑入锥滚筒和栅条式锥形凹板筛（简称锥凹板）之间的空隙（即剥壳间隙）。为有利于花生荚果顺利喂入和向下流动，剥壳间隙沿轴向自上而下由大变小。

（2）剥壳原理。在剥壳过程中锥凹板固定不动，封闭锥滚筒随输出轴转动。锥滚筒的外表面按螺旋线的方式均匀分布着剥壳筋。锥滚筒和锥凹板的锥角略有不同，剥壳间隙上大下小。喂入的花生荚果在旋转的锥滚筒剥壳筋导引下随之旋转并向下移动。在此过程中花生荚果会与固定的锥凹板栅条、剥壳筋和其他花生荚果相互挤搓、摩擦和剪切，在合力作用下果壳开裂、破碎，果仁及碎壳从锥凹板栅隙流出。随着不断有新的花生荚果被喂入，剥壳间隙中未剥壳和剥壳不彻底的花生荚果在重力作用及剥壳筋导向作用下继续向下运动，逐渐进入更加狭窄的剥壳区间，受到的剥壳作用随之增强，直至最终完成剥壳。按螺旋线固定的橡胶剥壳筋可避免对花生荚果的刚性冲击，控制和减缓花生荚果群的快速向下流动速度，形成"薄层"剥壳效果并保证花生荚果有足够的时间接受充分的剥壳作用。

（3）气吸清选原理。剥壳仓下方为集料仓，仓内设有三向导流盘，仓底部根据导流盘位置开设有 3 个集料口，经剥壳仓剥壳的花生碎壳和果仁等脱出物被导流盘引至 3 个集料口处。集料仓下方是分离仓，分离仓设有 3 个圆周均匀分布的出仁口，方位与集料口相同。分离仓下为风机箱，风机上端盖设置有进风口，进风口直接与分离仓相连，与分离仓的出仁口相通，从而形成 3 个支路吸风道。电机经带传动装置减速后带动风机轴和叶轮旋转吸风，从集料口流出的脱出物受到风机气吸作用，轻质的花生碎壳和秸秆等被吸入 3 个支路吸风道并经风机箱汇合从排杂口吹出，较重的果仁沿出仁口流出。

2.4　刮板式花生剥壳机

刮板式花生剥壳机主要由进料斗、剥壳转轴部件（包括刮板架和刮板）、凹板筛、风机、电动机、机架、花生壳出口和花生仁出口等组成，如图 6－7 所示。

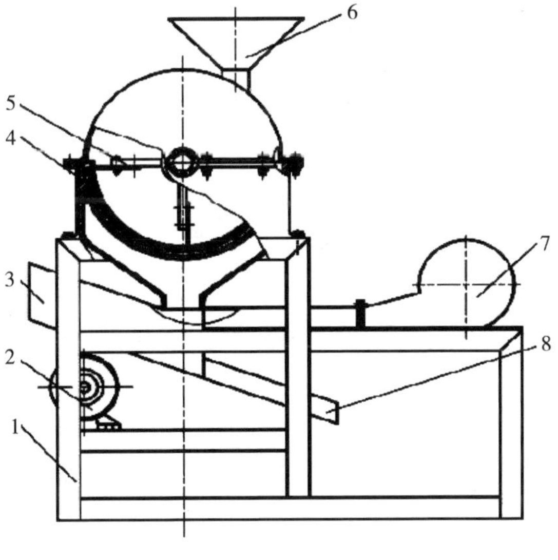

图 6－7　刮板式花生剥壳机

1. 机架　2. 电动机　3. 花生壳出口　4. 凹板筛　5. 转轴部件
6. 料斗　7. 风机　8. 花生仁出口

设备工作时，花生荚果由进料斗进入剥壳室，在高速旋转的转轴部件—刮板的反复打击与碰撞下，以及刮板与凹板筛共同作用产生的摩擦、碾搓、剪切、挤压作用下，花生壳不断破裂。花生壳和花生仁在刮板的旋转风压和打击下穿过凹板筛，花生壳在下落时受到风机的吹力作用，从花生壳出口被吹出，花生仁则从花生仁出口排出。

2.4.1 花生剥壳机的关键部件及参数

（1）转轴部件的半径和转速。转轴部件中刮板的旋转速度必须确保能将花生壳通过打击作用撞碎。实验结果表明，当花生与钢板的相对速度在4～5m/s时，可以达到较好的破碎花生壳效果。根据此数据来确定转轴部件的旋转半径和旋转转速，如图6-8所示。花生下落的位置在转轴部件$R/2$～R之间，确定参数时采用最小打击半径$R/2$为参考基准。

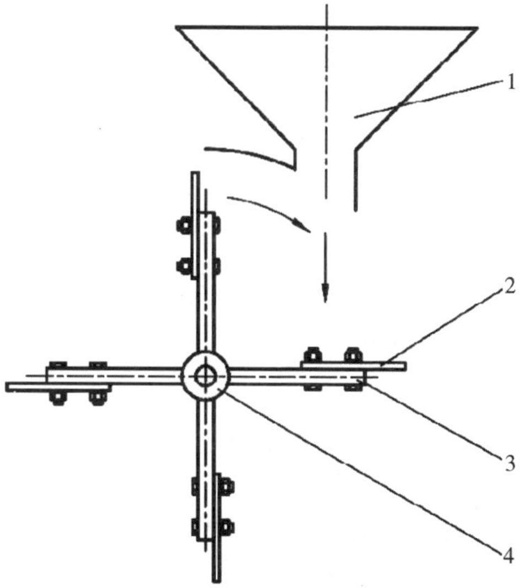

图6-8 转轴部件花生下落

1. 料斗 2. 刮板 3. 刮板架 4. 转轴

为了有较高的生产率，此处确定的转轴部件半径R=250mm，V=4～5m/s。由于刮板式剥壳机采用的主要剥壳原理是打击和挤压两种方法，因此对刮板的强度有一定要求，且刮板由于受到间断式的持续冲击，属于易损件。实验结果显示，破碎板使用橡胶和木板的剥壳效果较差，剥净率在70%左右，而钢板的剥净率基本能够保持在95%左右。刮板零件采用高锰钢制造，并用螺栓和刮板架连接，使其易于调整和更换，其结构如图 6－9 所示。

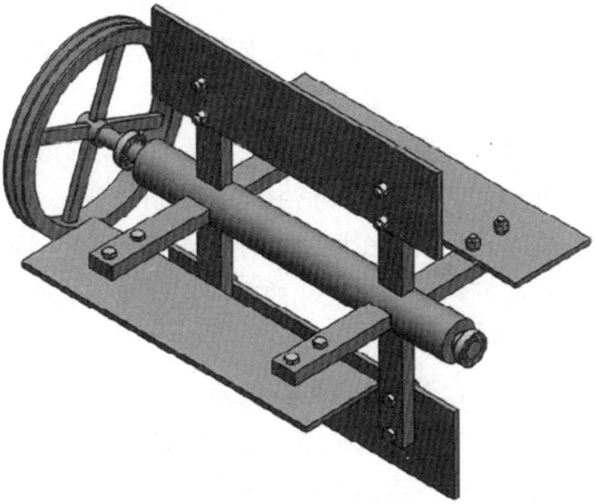

图 6－9　转轴部件

（2）剥壳功率。由于剥壳是在高速旋转的转轴部件—刮板的反复打击与碰撞以及刮板与凹板筛共同作用产生的摩擦、碾搓、剪切和挤压作用下进行的，因此剥壳功率不能简单地以刮板对花生产生的动能来计算，空气阻力和摩擦对剥壳功率的消耗非常显著，进行功率计算时不能忽略。

（3）驱动电机。电磁调速电动机具备在既定的调速区间内实现均匀地、连续地无级调速功能，并能输出额定转矩。在运行中当负载转矩变动时可通过控制器的速度负反馈系统使输出转速基本维持稳定。基于这些优异特性，选用电磁调速电动机作为驱动电机，能够提高设备的工作的稳定性和通用性。如果选用 YCT132－4B 型号的电磁调速电机来驱动转轴部件进行剥壳工作，其功率为 1.5kW，额定转矩为 9.5N·m，调速范围为 125～1 400r/min。

（4）传动方式。对于剥壳机而言，存在两种可行的传动方案：其一为皮带传动；其二是减速器传动。这两种传动方案均能够达成降低电动机转速并增大转矩的目的。第二种减速器传动方案具备显著优势，它可使设备的设计更为紧凑，并且传递效率较高。然而，其价格相对昂贵。在设备的实际运行过程中，还需充分考量设备的过载保护问题。这是因为刮板式剥壳机运行时带有惯性冲击作用，而且还要考虑料斗中可能会进入小石块等其他异物的情况。综合权衡各种因素，选用第一种皮带传动方案更为合理。皮带传动方案能够在设备运行过程中，对设备安全起到有效的保护作用，当出现过载或异物进入等情况时，皮带可能会出现打滑现象，从而避免设备因受到过大的冲击力而损坏。

（5）凹板筛。凹板筛在剥壳机中承担着至关重要的角色，其主要作用是实现已剥壳的花生仁、花生壳与花生荚果之间的分离。其分离原理是利用花生仁、花生壳与花生荚果在尺寸上的差异进行分离，即较大尺寸的花生荚果无法通过凹板筛，而较小尺寸的花生仁和花生壳则能够顺利通过。凹板筛的栅条之间的间距经过精心设计，仅允许一个花生仁大小的物体以及被破碎的花生壳通过，而未剥壳的花生荚果则会被阻挡在凹板筛内，继续接受剥壳处理，直至其外壳被破碎。其结构简图如图 6－10 所示。由于我国花生品种丰富多样，不同品种的花生在大小尺寸方面存在较大差异。一般来说，花生仁的尺寸范围在 7～14mm 之间。为了提升所设计剥壳机的通用性，针对不同的花生品种以及花生尺寸设计了具有不同尺寸间隔的凹板筛，在对不同尺寸的花生进行剥壳作业时，可以根据实际情况更换相应的凹板筛，从而确保剥壳机能够高效、稳定地运行。

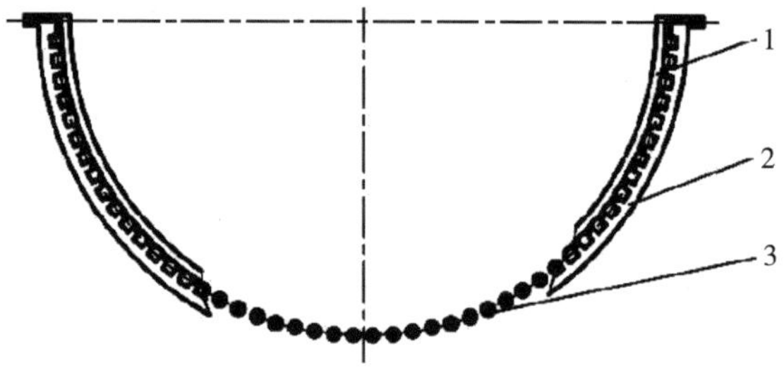

图 6－10　凹板筛部件

1. 栅条锁紧板　2. 栅条固定板　3. 栅条

（6）料斗。料斗通常是在无动力的情况下依靠物料自身的重力进行工作，其工作状况主要取决于物料的物理特性和料斗的几何形状。在设计时，应使料斗尽量达到整体流动这一理想流态，以使其最有效地发挥作用。料斗的外形一般有圆形和矩形两种，根据理论计算结果可知，在其他条件相同的情况下，圆形料斗的容积和强度更大，然而在实际生产制作过程中面临诸多难题。在设计料斗时，考虑到其实用性和成本因素，较少采用圆形料斗。一般把料斗设计成棱台型，其材料使用 Q235 钢，通过焊接工艺加工成型。

（7）箱体。剥壳机的箱体肩负着双重重要使命，其一为剥壳过程营造一个封闭的作业环境，其二对相关剥壳部件起支承与定位作用。在进行箱体设计时，箱座与箱盖的尺寸，主要依据转轴部件的尺寸来确定。在箱体设计环节中，材料的选取至关重要。由于剥壳机属于旋转作业模式，且伴有冲击现象，这就导致在工作过程中会产生较大的振动与噪音。而铸铁具备很强的减振性能，所以箱体选用 HT200 材料铸造而成。

（8）仁壳分离装置。仁壳分离装置的工作原理是巧妙利用花生仁和花生壳在重力方面的差异，以及二者受风吹时受力面积的不同，借助气流实现分离操作。花生仁质量较大且受力面积较小，风机吹出的气流难以将其吹动，于是花生仁会落至下方的花生仁收集板上，并经由花生仁出口自动流出；花生壳则质量较小且受力面积较大，在气流作用下被吹出花生壳出口，从而完成分离任务。

2.5　三滚式育种花生剥壳机

三滚式育种花生剥壳机设计思路是通过多级滚筒提高对不同外形尺寸花生荚果、多品种与多处理情况的适应性，以减轻对种仁损伤。采用具备柔性且带有一定厚度的打板，防止因打板产生的刚性冲击使种仁受损，增加打板厚度能够扩大与荚果的接触面积，降低打板对种仁的剪切力。同时要求该剥壳机转移便捷，减少机器的调整和清种频次与时间，以保证剥壳质量且操作方便。为此，进行了样机总体方案设计，其总体构成如图 6－11 所示。

三滚式育种花生剥壳机主要由同轴并排的 3 个剥壳滚筒、3 个对应的独立凹板筛、整体翻盖式三格喂料斗、种仁下落溜板、气吸式清选装置、种仁出料斗、箱电动机、带传动装置及机架等构成。同轴并排的 3 个剥壳滚筒均为开式结构，每个剥壳滚筒的回转半径略有不同，所对应的 3 个凹板筛分为大、中、小不同筛孔尺寸。剥壳机工作时，3 个剥壳滚筒、凹板筛和分格喂料斗各自形成独立剥壳室，凹板筛在开盖时可方便地抽出更

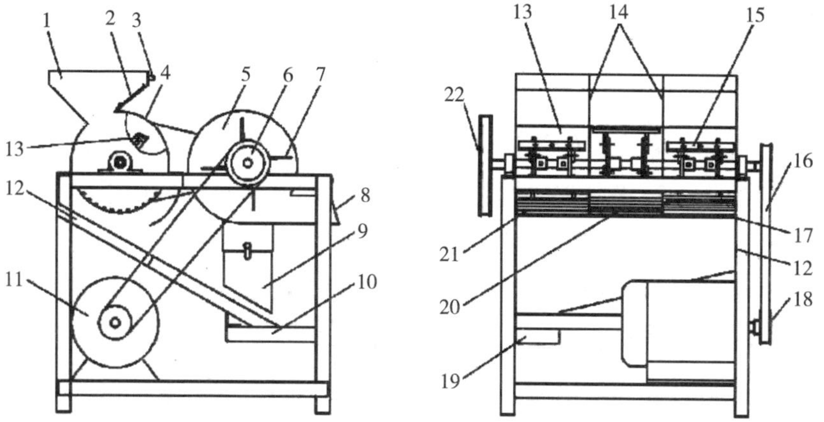

图 6-11　三滚式育种花生剥壳机整机结构

1. 喂料斗　2. 喂入量调节板　3. 把手　4. 机壳　5. 风机　6. 风机带轮　7. 风机扇叶　8. 风机出风口　9. 风机吸风口　10. 机架　11. 电动机　12. 下溜板　13. 剥壳滚筒　14. 隔板　15. 剥壳打板　16. 传动带　17. 凹板筛 1　18. 电动机带轮　19. 出仁口　20. 凹板筛 2　21. 凹板筛 3　22. 剥壳滚筒带轮

换，适于不同尺寸花生荚果的剥壳，以便提高剥壳适应性。每个剥壳室各自对应独立的喂料斗，喂料斗内部设有喂入量调节板，进行剥壳喂入量的调节。通过 3 个凹板筛的脱出物由下溜板滑下，花生碎壳在下滑过程中被风机吸出，完成清选工作。整体式喂料斗与上机盖焊接为一体并与机架铰接，可方便打开和关闭。这一设计不仅便于可靠地进行清种工作，防止剥壳作业过程中出现品种混杂的情况，而且方便更换凹板筛、调整剥壳间隙或更换剥壳部件。

三滚式育种花生剥壳机工作时，可将均齐度较差的花生荚果分级后，按外形大小分别放入三格整体式喂料斗的相应喂料斗中，花生荚果由喂料斗进入相应的剥壳室。在剥壳室内，花生荚果在旋转且带有倾角的打板反复刮擦、打击作用下，以及与凹板筛共同产生的挤搓、揉搓作用下，花生果壳不断开裂、破碎，花生种仁不断脱出并与碎壳一起穿过凹板筛，顺着下溜板滑落。当滑落至清选风机的吸风口下方时，漂浮系数较小、质量较轻的花生壳被风机排出机体外，而种仁则由出仁口排出。

三滚式育种花生剥壳机关键部件主要包括 3 个同轴并排式剥壳滚筒、凹板筛、传动系统以及气力清选装置。

（1）剥壳滚筒结构与参数。剥壳滚筒是剥壳机核心部件之一，其在很大程度上决定了花生种子损伤率、剥净率和剥壳效率。普通单滚筒剥壳设备剥壳间隙与凹板筛栅条间隙固定，对品种与外形不同的花生荚果适应性差，容易造成损伤率高、剥净率低等问题。三滚式育种花生剥壳机在同一轴上并排设置 3 个长度相同且并排排列的剥壳滚筒，滚筒之间用挡板隔开，避免剥壳时花生移位至其他滚筒中，影响剥壳质量。剥壳滚筒结构如图 6－12 所示，每个剥壳滚筒均由两个连接盘和呈一定角度的剥壳打板构成，连接盘通过顶丝固定于轴上，剥壳打板用螺栓固定在连接盘上，可进行径向调整和更换，增减打板个数。滚筒下方机架设有半圆形滑道，焊接在滚筒之间的隔板上，可以将凹板筛顺着滑道插入，方便更换，还能针对不同外形尺寸的花生更换筛孔间隙不同的凹板筛。根据一般剥壳滚筒转速 300～600r/min 可知，滚筒线速度为 3～6m/s，考虑到育种花生剥壳机作业量小、机动灵活等因素，确定剥壳滚筒直径为 160mm，理论转速为 350r/min。

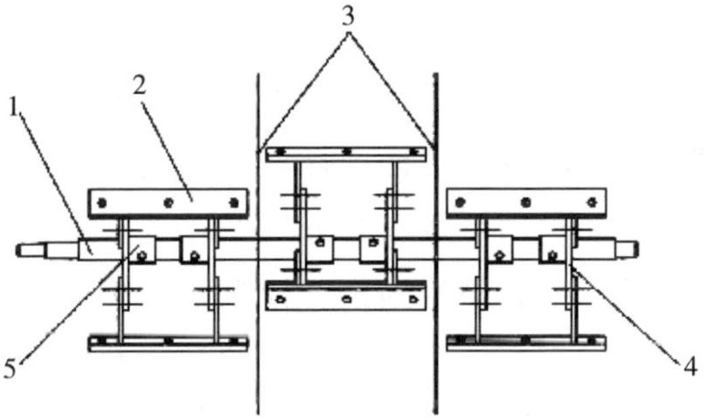

图 6－12　剥壳滚筒结构

1. 轴　2. 剥壳打板　3. 隔板　4. 连接盘　5. 固定轴套

剥壳打板采用扁平形式，表面长 120mm、宽 20mm、厚 10mm，以便增加打板与荚果的接触面积。打板顶端安装有橡胶片，以便增强与花生荚果的摩擦效果，同时避免剥壳时打板对花生种仁造成刚性伤害，缓解打板对花生种仁的冲击力，降低种仁损伤。橡胶片被设计成与打板顶部呈一定夹角，并且这个夹角可以进行调整。在滚筒连接盘与剥壳打板连接臂上加工有不同孔距的螺孔，以便实现剥壳滚筒的回转半径调节，进而调节剥壳间隙。在剥壳滚筒连接盘上有 6 排径向孔，可固定 2～6 个剥壳打板，打板结构如图 6－13 所示。

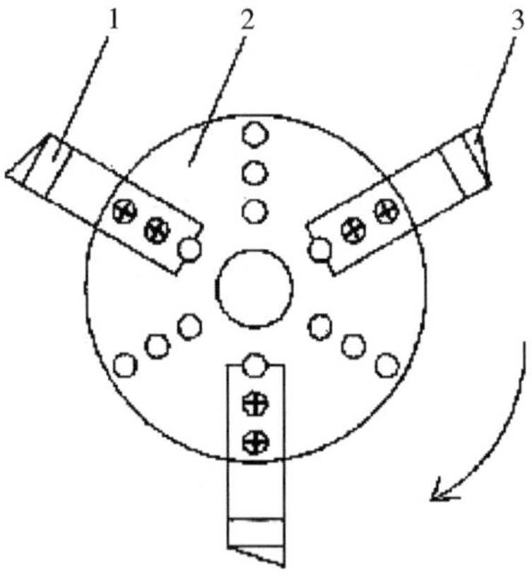

图 6－13　可调剥壳打板结构

1. 剥壳打板　2. 连接盘　3. 橡胶片

（2）凹板筛结构与参数。凹板筛是花生剥壳装置的另一关键部件，与金属丝编织筛、板筛（冲孔筛）和栅条筛（栅面筛）结构相比，金属丝编织筛虽有较高筛面利用系数和筛分效率，但对花生荚果摩擦作用较强，容易导致花生种仁损伤；同时，因其刚度较差，若作为凹板筛使用需设有加强筋。板筛具有较好的刚度且冲孔性状可以灵活选择，但其对花生荚果摩擦作用较弱，筛面利用系数和筛分效率较低，花生果仁剥壳后在剥壳室内停留时间过长，也会导致损伤。栅条筛性能介于二者之间，既能保证花生剥壳时的机械作用，又能使剥出的种仁及时筛分出来，同时不降低剥壳效率。因此，选取栅条筛作为凹板筛，3 个剥壳滚筒分别对应 3 个不同间隙大小的栅条凹板筛，以适应多种花生荚果和不同外形尺寸果仁的剥壳需要，减轻种仁损伤。为解决育种花生品种多样、荚果大小差异显著的问题，根据待剥育种花生具体尺寸，设计多种栅条间隙规格的凹板筛，以供育种花生剥壳时按需选用。采用的凹板筛栅条间隙为 8mm、9mm、10mm、11mm、12mm、13mm 6 种规格。根据花生种果剥壳前是否分级，3 个剥壳滚筒和凹板筛可以相应地调整成三级或同一级进行剥壳。

（3）传动系统与气力清选装置。设计的育种花生剥壳机属小型机械，体积小且功率不高，所以选择可接民用 220V 电压的 JW7114 型电动机为动力。考虑到缓冲减震、经济适用等因素，选取 A 型带传动，通过 A 型单槽带轮驱动 3 个同轴剥壳滚筒和清选风机转动，其传动路线如图 6－14 所示。根据剥壳滚筒和清选风机转速上的差异，电动机带轮 1 带动清选风机轴带轮 2，通过风机轴另一端带轮 3 带动剥壳滚筒带轮 4 转动。

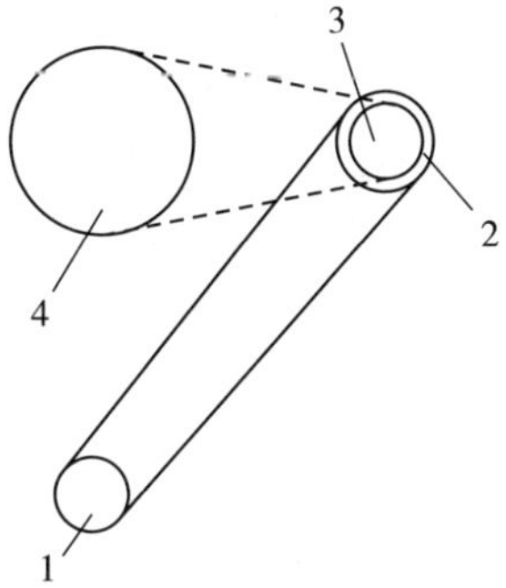

图 6－14　传动系统示意

1. 电动机带轮　2. 风机大带轮　3. 风机小带轮　4. 剥壳滚筒带轮

清选装置是花生剥壳装置的重要组成部分，性能优劣直接影响剥出果仁质量和后续加工品质。为了达到最佳清选效果，要求风机运转稳定、效率高且便于调节。本设计采用单进风口的离心式风机，由 4 个叶片构成叶轮并对称安装于风机轴上，叶片形状为矩形切角以提供足够的吸力。同时，风机吸风口垂直对着下溜板出口且与下溜板之间的垂直距离可调，以提高清选质量与清选效率（图 6－15）。通过 PS－20 型物料飘浮速度试验

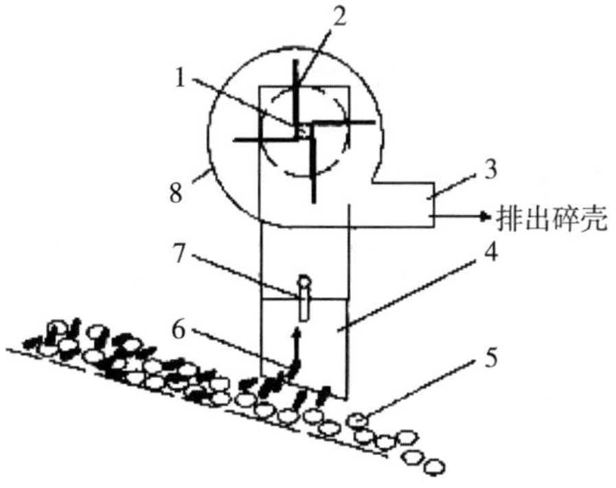

图 6－15　气吸式清选装置示意

1. 轴　2. 扇叶　3. 出风口　4. 进风口　5. 花生果仁　6. 花生碎壳　7. 调节螺栓　8. 蜗壳

台测花生各成分漂浮速度，以白沙 1016 为例，测得饱满荚果、空瘪果、果仁及果壳的漂浮速度范围分别为 11.04～12.83m/s、7.01～8.92m/s、8.52～10.30m/s、1.26～1.85m/s。所以剥壳风机清选的风速处于 4～6m/s 区间时，清选效果最佳。

三滚式小区育种花生剥壳机，该样机采用在同轴并排排列 3 个剥壳滚筒的结构设计，运用回转打击揉搓的剥壳原理，实现同时分剥不同尺寸大小的花生荚果。能够对剥壳间隙以及打板个数进行调节，有效地解决了由于不同花生品种尺寸不规则而导致漏剥或破碎等问题，凹板筛更换方便，便于清种，减轻了作业负担。

2.6 螺旋式花生剥壳机

2.6.1 螺旋式花生剥壳机结构和工作原理

螺旋式花生剥壳机（图 6－16）主要包括喂料斗、螺旋式辊轮、清选风机、电机和减速装置、机架等部分。花生荚果喂入剥壳机后，经过螺旋式辊轮和料斗内棱的碾压和揉搓，花生壳被挤压破碎。破碎的花生壳和剥出的花生仁被螺旋纹向下挤压进入出料口，随后进入风机清选机构。在风机气流的作用下，花生壳因密度小被气流吹入花生壳收集装置，而花生仁密度大，继续往下运动，落入花生仁收集装置，从而实现花生剥壳。

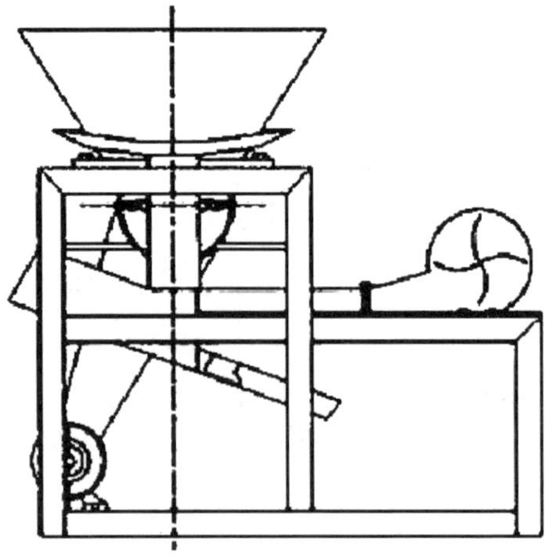

图 6－16　螺旋花生剥壳机

2.6.2　关键部件的设计

（1）受力分析。刘红利等通过对两个花生品种进行剥壳力学试验发现，对于两种花生品种，顶压和正压破壳力接近，侧压破壳力最大且为 74.6N。破壳力受花生品种以及花生剥壳施压部位影响比较明显。螺旋式辊轮的倾斜度为 45°，在花生剥壳过程中，将花生通过喂料斗喂入其带有倾斜角度的槽中，使花生受止向压力或侧向压力。花生荚果受力情况如图 6－17所示，令 $N=80N$，则 $N1=N2=56.67N$。在剥壳过程中，由于螺旋式辊轮转速较慢，花生受摩擦力较小，影响可忽略不计，综合考虑将压力定为 80N 可以满足剥壳要求。

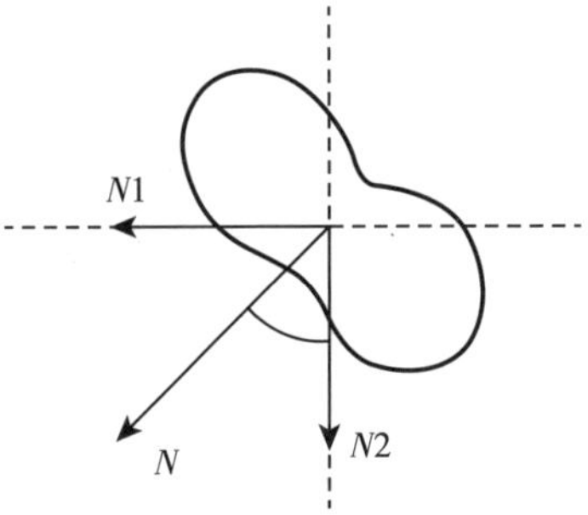

图 6－17　花生荚果受力情况

（2）螺旋式辊轮和喂料斗的设计。该装置主要采用碾压原理进行花生剥壳，剥壳过程中，螺旋式辊轮的转速较低。螺旋式辊轮的结构如图 6－18所示，外形设计成梯形圆台结构，侧面具有与水平方向成 45°角的棱。喂料斗的结构如图 6－19 所示，喂料斗呈 V 形，料斗壁上装有内棱，并且沿母线方向均布于斗内。剥壳过程中，花生通过喂料斗进入螺旋式辊轮和喂料斗的间隙，螺旋式辊轮转动过程中，花生壳将受到喂料斗内棱和螺旋式辊轮外棱的共同挤压而被碾破，随着棱纹的转动，破碎的花生壳和剥出的花生仁被向下挤压进入风机清选机构。

（3）传动方案的设计及动力参数的选取。设计的花生剥壳机的传动方案如图 6－20 所示。电动机启动后带动运转，在传动过程中，带传动作为一级减速机构，大带轮带动锥齿轮通过啮合传动形成二级减速，带动螺旋式辊轮旋转。

花生的质量按平均 15g/粒计算，其尺寸按平均值取，即花生直径

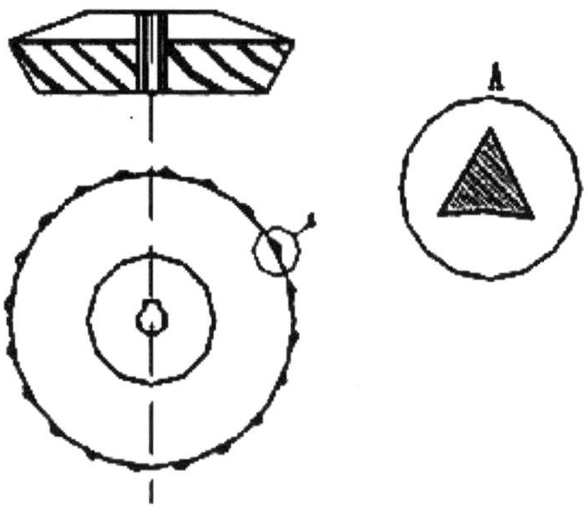

图 6-18　螺旋式辊轮的结构

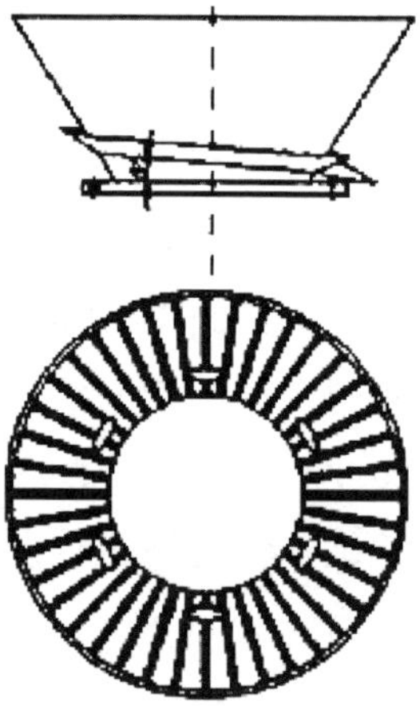

图 6-19　喂料斗结构

d=15mm，花生高度 h=35mm，则 1s 应剥 28 粒。花生被螺旋式辊轮导向与水平成 45°角，28 粒花生围成圆周的长度为 $l_1=h\times\cos45°\times28=$ 693mm。考虑到剥壳过程中，花生并非全部被导向，有的可能横向摆放，留出 20%左右的余量，则实际的周长选为 $l=l_1\times120\%\approx$830mm，则其平均直径 $d_1=l/\pi=$265mm。设定螺旋式辊轮的高度 h_1=80mm，上径 d_2=300mm，下径 d_3=230mm，其侧面的棱为三角形剖面，高度为 0.7mm。喂料斗与螺旋式辊轮配合时上宽下窄，容易使花生进入预定位置，剥壳彻底，且其内棱厚度为 20mm。

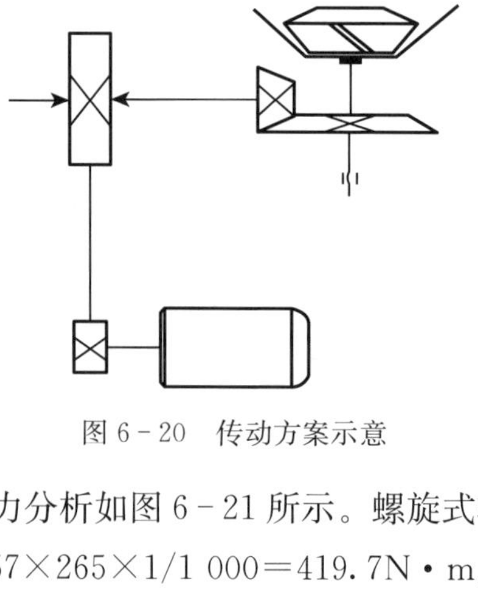

图 6-20　传动方案示意

螺旋式辊轮的受力分析如图 6-21 所示。螺旋式辊轮承受的扭矩 $T_1=n\times N1\times d=28\times56.57\times265\times1/1\,000=419.7$N·m。初定螺旋式辊轮速

度为 $n=60\text{r/min}$，则螺旋式辊轮的平均直径处线速度为 $v=n\times\pi\times d=0.5\times3.14\times265\times1/1\,000=0.832\text{m/s}$。由于螺旋式辊轮的工作原理以碾搓为主，当花生的撞击速度为 5m/s 时花生壳才会破碎，由于 v 值远小于 5m/s，故忽略其对花生壳破坏的影响。

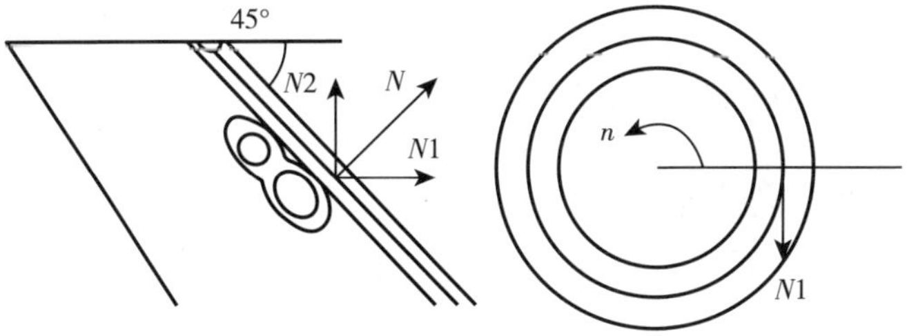

图 6－21　螺旋式辊轮受力分析

螺旋式辊轮所需功率为 $P=F\times v/1\,000=n\times N1\times v/1\,000=1.32\text{kW}$，根据计算的要求，选择 Y132S－6 型电动机作为动力源，额定功率为 3kW，转速为 960r/min。

螺旋式花生剥壳机融合了碾压法剥壳效率高与撕搓法破碎率低的特点，并且可通过改变轴和螺旋转子间的垫片数量来调节螺旋式辊轮和喂料斗的间隙，适应不同花生品种的需要，也可用于其他坚果类作物的剥壳作业，机具的适应性和通用性也较强。

2.7　激光剥壳机

激光法剥壳就是用聚焦激光束辐照坚果表面使其加热至熔化或汽化温度，使壳层发生瞬间烧蚀、蒸发、炸裂或剥离，从而达到破壳。

激光法剥壳是用激光切割花生荚果，这种方法剥净率几乎达到 100%，破损率几乎达到 0，但是费用高、效率低，很难推广使用。

3　花生剥壳机的使用与保养

花生剥壳机是将花生荚果去掉外壳而得到花生仁的场上作业机械。使用花生剥壳机可以在很大程度上减轻农民的体力劳动，节省大量的人力，提高花生剥壳的工作效率。

在实际作业中，由于用户没有真正掌握花生剥壳机的操作技术，导致其性能没有充分发挥出来，有时还出现伤人事故。此外，由于用户存放、保养不当，使花生剥壳机磨损严重，造成花生脱粒质量差且工作效率降低，带来严重的经济损失。为使花生剥壳机发挥出最大效能，保障人机安全，提高经济效益，本节现详细介绍花生剥壳机的正确使用与保养方法。

3.1 花生剥壳机的作业条件

3.1.1 花生剥壳机的选择

应选用经有关部门推广鉴定、进入国家补贴目录的产品。选择拖净率高、生产率高、损失率低、破碎率小、结构简单、使用可靠、调整方便、功耗少的机具。

3.1.2 对花生荚果的要求

花生荚果应符合 GB/T 1532—2008 中的中等标准规定。花生应干湿适宜，太干则破碎率高，太湿则影响工作效率。为使干湿适宜，可采用下列方法：一是剥壳前先用 10kg 左右的温水均匀喷洒在 50kg 皮果上，再用塑料薄膜覆盖一段时间（冬季 10h、其他季节 6h），然后在阳光下晾晒 1h 左右，再进行剥壳。二是将较干的花生皮果浸在大水池内，浸后立即捞出，并用塑料薄膜覆盖 1 天左右，再在阳光下晾晒，待干湿适宜后进行剥壳。

3.1.3 物料处理

投料前，需要对物料进行吸铁、去石及清除其他杂质的处理。

3.1.4 作业地点选择

应选择空旷平坦、便于运输和适合多人现场操作的场地进行作业。

3.2 花生剥壳机的安装调试及检查

（1）作业前，应认真阅读产品使用说明书，按说明书的要求做好机具安装前的准备工作。

（2）选择平坦、坚实的场地，将机具稳固固定。确保排杂口朝顺风方向，安装好挂接动力。同时安装好三角带，根据传动带长短配装安全防护装置。

（3）按照产品使用说明书要求，将各运转部位调整到位并固定。

（4）根据花生荚果的大小适当调换花生剥壳机笼栅。

（5）安装完毕后，检查各防护措施是否完善、各部件连接部分是否紧固。用手转动皮带轮，观察有无碰撞摩擦现象；用手转动滚筒，观察转动是否平稳；检查各传动部位三角带张紧度是否合理；检查电动机是否运转正常，电源线有无漏电现象。

（6）启动风机开关，观察方向是否正确、运转是否平稳。启动主机开关，观察主机转向是否正确、运行是否平稳，有无杂音、撞击和振动。空车运转 10～15min、确无异常情况后，用扳手拧紧转动机构的所有螺栓，方可进行投料工作。空运转若有异常，可根据产品使用说明书等有效文件进行必要的调整。

3.3　花生剥壳机的作业要求

（1）花生剥壳机空运转时间达到规定要求后，应先小批量喂入物料进行试运行，如有问题应停机检查调整，待符合要求后方可进行正常作业。

（2）喂料时应保持适量、均匀、连续喂入。

（3）作业过程中，若花生壳中果仁较多，应适当调整风机，使风量变小，反之将风量调大。破碎率较高时，可调大间隙，剥壳不净则要调小间隙。

（4）作业过程中出现滚筒堵塞时，应检查喂入量的大小、三角带的松紧度以及电源电压等。

（5）采用自动喂入装置的，物料喂入量应按照产品使用说明书等有效技术文件的规定确定。

（6）采用自动装袋装置的，花生仁自动装袋接近满袋时，应及时拨动分流板，以防堵塞。

（7）作业过程中要经常对各部分螺栓进行检查，发现松动及时停机拧紧。

（8）对于因结构差异而导致的花生剥壳机作业要求上的差异，应严格按照随机附带的产品使用说明书等有效技术文件进行操作。

3.4 花生剥壳机的使用注意事项

（1）初次使用花生剥壳机时，应明确安全操作规程和危险部位安全标志所提示的内容。

（2）花生剥壳机危险部位应贴有安全警示标志，其标志应符合 GB 10396—2006 的规定。外露的传动部位必须装有防护装置，并符合 GB 10395.1—2009 的安全技术要求。

（3）电机必须做好接地保护。

（4）作业人员经培训和安全教育后方可上岗。严禁酒后人员、孕妇、未成年人操作。操作人员工作时应扎紧袖口，留长发的操作者应戴防护帽。

（5）启动花生剥壳机前，应给出信号，确认花生剥壳机周围无人时方可启动。

（6）花生剥壳机正式作业前应进行试运转，试运转应无碰擦、无异常声响和振动，滚筒旋向应正确，严禁超速工作。

（7）花生剥壳机运转时，手或身体的其他部位不得接触运转部件，如转轴和风机等。严禁将手伸入喂料口及其他危险运动部件内。

（8）作业时，排杂口应顺风向，排风口的正后方严禁站人。

（9）作业时，喂入要均匀一致，严禁将石头、木头、金属等坚硬物喂入机内。如发现堵塞或其他异常状况应立即停机，并停止喂料，待花生剥壳机停止转动后再检查原因。

（10）剥壳机、风机及其轴承座和其他运动部件上的螺栓不得松动，应定期进行检查。

3.5 花生剥壳机的维护保养

（1）按照花生剥壳机附带的产品使用说明书中的要求进行维护保养。

（2）新胶带在使用一段时间后，会逐渐伸长松弛，应根据情况及时调整。

（3）正常工作时每班检查 2 次、保养 1 次。保养时必须停机检查，并加注黄油。

（4）电机与轴承的温升应在允许范围内，发现温度太高应及时查出原因并进行排除。

（5）停机后应清理各部件上的泥沙、污物和残留花生，保持花生剥壳机的清洁。

（6）需要更换部件时，应按使用说明书的要求或在有经验的维修人员的指导下进行。

（7）作业完成后，对花生剥壳机进行全面检查。检查各轴承的运转和磨损情况；检查筛底是否变形或者发现裂纹；检查分选筛的磨损情况。对损坏部位进行修理或更换，给运转部位的轴承加足黄油，将运动部件涂上防锈油。

（8）花生剥壳机应存放在干燥的库房内。将三角皮带拆下，挂在无日晒的室内墙上。

参 考 文 献

安家新，2018. 螺旋式花生剥壳机关键部件设计与仿真分析［D］. 沈阳：沈阳农业大学 .

白景峰，李博，吕秀婷，等，2016. 基于狗獾爪趾的仿生深松铲结构设计与试验［J］. 农机化研究，38（4）：175－179.

白晓虎，张祖立，2009. 基于 ADAMS 的播种机仿形机构运动仿真［J］. 农机化研究，31（3）：40－43.

曹成茂，刘忠滨，丁武阳，等，2023. 宁前胡仿生挖掘铲设计与试验［J/OL］. 农业机械学报（10）：1－23.

陈金霞，刘明国，2013. 花生收获机的正确使用方法［J］. 农业科技与装备（1）：70－71.

陈中玉，高连兴，马方，2019. 美国 Colombo 系列花生联合收获机［J］. 新农业（21）：15－16.

陈中玉，马方，高连兴，2016. 美国 KMC 系列花生联合收获机［J］. 新农业（1）：22－24.

初金哲，庄卫东，2020. 3WPX－1500 悬挂式喷药机支架系统设计［J］. 四川农业与农机（5）：37－39.

戴兴任，1979. 国外中耕机械发展概况［J］. 粮油加工与食品机械（7）：10－27.

董欣，那明君，李元强，等，2003. MS－2 型玉米苗期收膜中耕联合作业机研究［J］. 农机化研究（2）：175－176.

杜寅，王强，刘红芝，等，2013. 不同品种花生蛋白主要组分及其亚基相对含量分析［J］. 食品科学，34（9）：42－46.

房庆柳，2021. 花生联合收获机摘果装置的创新设计与性能分析［D］. 秦皇岛：河北科技师范学院 .

房庆柳，李国昉，陈立东，等，2021. 花生联合收获机摘果装置的创新设计［J］. 河北科技师范学院学报，35（1）：51－57.

甘泉，2011. 花生收获机用后的养护［J］. 农家科技（10）：51.

高连兴，陈中玉，Charles Chen，等，2017. 美国花生收获机械化技术衍变历程及对中国的启示［J］. 农业工程学报，33（12）：1－9.

高增辉，岳丹松，尚书旗，等，2023. 三垄六行花生收获夹持归集装置设计与分析［J］. 农机化研究，45（4）：185－190.

巩阿娜，刘红芝，刘丽，等，2015. 不同品种花生酱品质特性研究［J］. 食品工业科技，36（17）：72－76，80.

巩阿娜，刘红芝，刘丽，等，2016. 原料特性对花生酱品质的影响［J］. 中国食品学报，16（11）：253－262.

巩阿娜，刘红芝，刘丽，等，2016. 原料特性与花生酱品质间关系模型的建立[J]. 食品科学技术学报，34（2）：24－30.

顾炳龙，2019. 滚筒栅条式花生剥壳机剥壳部件优化设计［D］. 长春：吉林农业大学.

关萌，2016. 全喂入花生摘果试验装置与摘果机关键部件研究［D］. 沈阳：沈阳农业大学.

郭晓，郑金松，2022. 基于花生收获机故障排除及维护要点探究［J］. 石河子科技（2）：69－70.

国家统计局，2014. 中国统计年鉴［Z］. 北京：中国统计出版社.

郝建军，聂庆亮，马璐萍，等，2020. 锥盘式花生种子剥壳装置研制［J］. 农业工程学报，36（17）：27－34.

何亚豪，2016. 气力式花生精量排种器关键技术研究［D］. 石河子：石河子大学.

胡婷，全伟，吴明亮，等，2021. 双垄四行花生垄作播种机种沟开沟器设计与试验［J］. 中国农业科技导报，23（9）：129－137.

胡志超，彭宝良，尹文庆，等，2008. 4LH2 型半喂入自走式花生联合收获机的研制[J]. 农业工程学报（3）：148－153.

胡志超，王海鸥，彭宝良，等，2012. 半喂入花生摘果装置优化设计与试验［J］. 农业机械学报，43（S1）：131－136.

胡志超，王海鸥，王建楠，等，2010. 4HLB－2 型半喂入花生联合收获机试验［J］. 农业机械学报，41（4）：79－84.

贾雅丽，马璐萍，2020. 辊筒式花生剥壳机剥壳部件优化设计与试验［J］. 河北农机（9）：37，68.

蒋延金，陈立东，李国昉，等，2021. 花生收获机挖掘装置的研究进展［J］. 河北科技师范学院学报，35（4）：59－63.

郎冲冲，徐路路，潘吴建，等，2020. 三七种苗仿生挖掘铲设计与有限元分析［J］. 中国农机化学报，41（9）：82－88.

李东贺，彭绪友，廖宇兰，等，2022. 单行木薯块根收获机仿生铲的设计与试验［J］. 农机化研究，44（1）：174－182.

李辉，尚书旗，王东伟，等，2023. 六行垄作（平作）花生收获机挖掘铲的设计与仿真分析［J］. 农机化研究，45（4）：107－112.

李建东，尚书旗，李西振，等，2006. 我国花生剥壳机械研究应用现状及进展［J］. 花生

学报 (4)：23－27.
李菁媛，2023. 将油料、茶叶等经济作物生产全产业链机械纳入补贴目录 [N]. 中国农机化导报 [N]. 2023－08－07 (006).
李俊宝，2016. 加强筋残膜回收机设计与试验研究 [D]. 阿拉尔：塔里木大学.
李小兵，2010. CMJ－5 型春秋两用密排弹齿式残膜回收机 [J]. 新疆农机化 (2)：12.
刘欢，孙东伟，2023. 发展花生产业，降低油料进口依赖 [J]. 中国食品工业 (5)：7.
刘进宝，汤智辉，郑炫，等，2022. 2FHF－4.56 型宽行距作物基肥对行分层深施机设计与试验 [J]. 农业工程学报，38 (6)：1－11.
刘鹏宇，2022. 木制滚筒花生种子剥壳机的设计与试验研究 [D]. 长春：吉林农业大学.
刘姗姗，2018. 滚筒式花生剥壳机剥壳部件优化设计 [D]. 长春：吉林农业大学.
刘志渝，2012. 花生剥壳机的正确使用方法 [J]. 农业科技与装备 (3)：67－68.
卢文涛，张莉杰，张东兴，等，2014. 联合收获机监控系统研究现状 [J]. 农机化研究，36 (9)：256－259，264.
陆荣，2021. 直立锥滚筒式花生剥壳机剥壳原理与关键技术研究 [D]. 沈阳：沈阳农业大学.
陆荣，高连兴，刘志侠，等，2020. 中国花生剥壳机技术发展现状与展望 [J]. 沈阳农业大学学报，51 (5)：124－133.
陆荣，刘志侠，高连兴，等，2020. 立锥式小区花生剥壳机气吸清选装置研制 [J]. 农业工程学报，36 (21)：23－30.
陆荣，刘志侠，高连兴，等，2020. 美国花生剥壳机研究现状及发展分析 [J]. 华中农业大学学报，39 (2)：170－180.
陆荣，杨德旭，高连兴，等，2019. 直立锥滚筒式小区花生剥壳机设计与试验 [J]. 农业机械学报，50 (5)：114－123.
骆俊腾，范燕敏，武红旗，等，2023. 新疆北疆不同地貌区土壤多样性特征及主要影响因素分析 [J]. 土壤通报，54 (6)：1261－1270.
吕小莲，胡志超，刘敏基，等，2015. 2BQHM－2 型花生覆膜穴播机的设计与试验 [J]. 华南农业大学学报，36 (1)：96－100.
马祥琴，2010. 花生剥壳机使用与维护 [J]. 农村新技术 (20)：29－30.
聂庆亮，2021. 花生种子分级剥壳一体机优化设计与试验 [D]. 保定：河北农业大学.
钱巍，2020. 螺旋式花生剥壳机的设计 [J]. 农业技术与装备 (5)：42－43.
邱海飞，2011. 基于 ADAMS 的四连杆打纬机构动态设计与仿真 [J]. 机械传动，35 (7)：52－54.
尚书旗，李国莹，杨然兵，等，2009. 4HQL－2 型全喂入花生联合收获机的研制 [J]. 农业工程学报，25（6）：125－130.
申江涛，高邓升，慕军营，2016. 挤压揉搓式花生剥壳机专利技术综述［J］. 农业与技术，36（22）：62.
苏展，2017. 对辊半喂入小区育种花生摘果装置试验研究［D］. 沈阳：沈阳农业大学.
孙奎军，于俊萍，姜秀美，2013. 种用、出口花生剥壳机的设计［J］. 农业机械（1）：123－125.
田家治，2014. 中耕机械的结构设计研究［J］. 农业科技与装备（8）：21－22.
王宝祥，陈国辉，2023. 深松机的作业质量优化及注意事项［J］. 农机使用与维修（12）：87－89.
王东伟，2013. 花生联合收获机关键装置的研究［D］. 沈阳：沈阳农业大学.
王东伟，尚书旗，韩坤，2013. 4HJL－2 型花生联合收获机摘果机构的设计与试验［J］. 农业工程学报，29（14）：15－25.
王东伟，尚书旗，赵大军，等，2013. 4HBL－4 型二垄四行半喂入自走式花生联合收获机［J］. 农业机械学报，44（10）：86－92.
王发明，2019. 怎样正确操作维护喷杆式喷药机械［J］. 现代农机（3）：49.
王法刚，2017. 4HB－2A 型花生联合收获机的研发应用及保养维护［J］. 当代农机（11）：54－56.
王刚，吴崇友，伍德林，2013. 我国通用型联合收割机现状与发展思考［J］. 中国农机化学报，34（6）：6－8＋26.
王吉奎，郭康权，吕新民，等，2011. 夹持式棉花精密穴播轮改进设计与试验［J］. 农业机械学报，42（4）：43－46.
王建民，陈剑南，闻祥，2016. 3WP－650 型自走式喷杆喷雾机的研制［J］. 农民致富之友（8）：202.
王建楠，谢焕雄，胡志超，等，2018. 滚筒凹板筛式花生剥壳机关键部件试验研究及参数优化［J］. 江苏农业科学，46（14）：191－196.
王军锋，孙康，陈峰，2012. 刮板式花生剥壳机设计［J］. 农机化研究，34（12）：96－99.
王亮，魏建军，李艳，等，2014. 中国花生全程机械化发展状况及其在新疆的应用［J］. 中国农学通报，30（2）：161－168.
王淑英，2013. 浅谈中耕机的维护保养及注意事项［J］. 新课程学习（上）（6）：181.
王松松，朱代根，2022. 半喂入式花生收获关键结构优化设计［J］. 南方农机，53（19）：63－66.
王文明，王天元，郭兵，等，2019. 基于振动减阻原理的旋转中耕机关键部件设计与试验［J］. 农业机械学报，50（3）：35－45，135.

王晓燕，2006. 半喂入式花生摘果试验台的设计与试验研究［D］. 青岛：莱阳农学院.
王晓燕，梁洁，尚书旗，等，2008. 半喂入式花生摘果试验装置的设计与试验［J］. 农业工程学报（9）：94－98.
王逸飞，2022. 花生联合收获机清选装置的设计与性能研究［D］. 秦皇岛：河北科技师范学院.
王逸飞，李国昉，陈立东，等，2022. 花生联合收获机清选装置研究现状及发展趋势[J]. 现代化农业（9）：94－96.
王逸飞，李国昉，房庆柳，等，2021. 提高花生联合收获机摘果除柄率的创新设计［J］. 现代化农业（12）：64－66.
吴传云，杨瑶，李丹阳，2023. 2022年经济作物机械化进展情况［J］. 农机科技推广（1）：14－21.
夏超，2022. 花生挖掘铲表面强化与减阻性能研究［D］. 青岛：青岛农业大学.
谢建华，侯书林，刘英超，2012. 残膜清理回收机具的研究现状及存在的问题［J］. 中国农机化（5）：41－44.
兴农，2018. 花生收获机的使用及维护［J］. 当代农机（9）：57.
徐振豪，周新贤，王战洪，等，2023. 浅谈机械化深松整地存在的问题及应对方［J］. 农业机械（12）：68－70.
薛春娥，章小红，2019. 一种手摇式花生剥壳机的研制［J］. 农村经济与科技，30（10）：295，148.
薛臻，赵湛，王秀，2015. 联合收获机智能化研究现状及发展趋势［J］. 农机科技推广（6）：50－51，53.
杨大波，2013. 4HBL－2型自走式花生联合收获机的应用与维护［J］. 当代农机（7）：57－59.
杨国玉，2013. 内充式花生排种器关键技术与结构创新研究［D］. 山东理工大学.
杨然兵，2009. 4HQL－2型花生联合收获机主要装置的设计与试验研究［D］. 沈阳：沈阳农业大学.
杨然兵，柴恒辉，尚书旗，2014. 花生播种机倾斜圆盘碟式排种器设计与性能试验［J］. 农业机械学报，45（6）：79－84.
杨然兵，尚书旗，2010. 花生果实撞击试验及分析［J］. 农机化研究，32（9）：176－178，183.
杨然兵，徐玉凤，梁洁，等，2009. 花生机械收获中根、茎、果节点的力学试验与分析［J］. 农业工程学报，25（9）：127－132.
杨锐，陈红，2008. 激光与坚果相互作用的理论与数值分析［J］. 中国农机化（3）：88－90.

杨亚洲，顾炳龙，刘宽厚，等，2017. 花生剥壳机关键部件的设计与试验［J］. 中国农机化学报，38（10）：57－60.

姚玉华，2012. 中耕技术及其机械概述［J］. 农业科技与装备（11）：70－71.

于振华，许光明，王浩宇，等，2021. 残膜回收机拢膜装置受力及模态分析［J］. 南方农机，52（7）：70－71.

袁秋岩，刘红芝，张健，等，2020. 新疆花生品种（系）蛋白亚基组成及品质特性分析［J］. 食品科学，41（7）：38－45.

张德云，李亚雄，梅健，等，1994. 4FS2 型地膜联合回收机的改进设计［J］. 粮油加工与食品机械（4）：23－25.

张贺斌，2020. 磨盘式花生剥壳机的设计及优化［D］. 保定：河北农业大学.

张继福，王正盖，蒋雷鸣，等，2019. HSZ－10 型半喂入式花生摘果机设计与试验［J］. 江西科学，37（1）：98－102.

张瑞，田连祥，王东伟，等，2023. 三垄六行花生有序铺放收获机的设计与试验［J］. 农机化研究，45（6）：177－182，187.

张甜甜，张雨，王强，等，2023. 新疆不同果树套种花生加工品质对比研究［J］. 花生学报，52（4）：90－100.

张鑫，2023. 机械化免耕播种技术路线与设备应用特征［J］. 农机使用与维修（12）：97－99.

张兆国，薛浩田，王一驰，等，2022. 基于离散元法的三七仿生挖掘铲设计与试验［J］. 农业机械学报，53（5）：100－111.

张智泓，甘帅汇，左国标，等，2021. 以砂鱼蜥头部为原型的仿生深松铲尖设计与离散元仿真［J］. 农业机械学报，52（9）：33－42.

张智猛，胡文广，许婷婷，等，2005. 中国花生生产的发展与优势分析［J］. 花生学报，34（3）：6－10.

赵炳国，郑强，2012. 4HB－2A 型花生联合收获机的研发应用及保养维护［J］. 当代农机（11）：69－70.

赵建亮，尚书旗，华伟，等，2013. 2BFD－2C 型花生覆膜播种机的设计［J］. 农机化研究，35（2）：51－55.

赵祖祥，周旭峰，2007. 挤压式花生剥壳机［J］. 农业机械（12）：23.

郑金明，尚书旗，王东伟，等，2023. 纵轴流花生摘果系统喂入装置的设计与试验［J］. 农机化研究，45（1）：183－189.

郑金明，王东伟，尚书旗，等，2023. 花生捡拾联合收获机喂入输送装置的设计与试验［J］. 农机化研究，45（4）：81－87，94.

中国农业机械化科学研究院，1990. 农业机械设计手册［M］. 北京：机械工业出版社.

周智祥，杨志城，杨宛章，等，2005. 气吹式春播前残膜回收机的研制［J］. 新疆农业大学学报（1）：61-65.

朱梓明，赵微，陈滋鑫，等，2022. 基于穿山甲趾爪及鳞片的挖掘机仿生铲斗的设计及研究［J］. 建设机械技术与管理，35（5）：74-77.

Butts C L，Sorensen R B，Nuti R C，et al，2009. Performance of Equipment for In-field Peanut Shelling［C］. ASABE Annual International Meeting（7）：1-18.

Butts C L，Sorensen R B，Nuti R C，et al，2009. Performance of Equipment forIn-field Shelling of Peanut for Biodiesel Production［J］. Transactions of the ASABE，52（5）：1461-1469.

Rains G C，2005. Adaptation and Testing of the Agleader Cotton yield SensoronaPeanut Combine［J］Applied Engineering in Agriculture，21（6）：979-98.

图书在版编目（CIP）数据

花生生产机械化技术 / 郭辉等编. -- 北京 ：中国农业出版社，2025. 6. -- ISBN 978-7-109-33314-7

Ⅰ. S233.75

中国国家版本馆 CIP 数据核字第 2025HC9819 号

花生生产机械化技术

HUASHENG SHENGCHAN JIXIEHUA JISHU

中国农业出版社出版

地址：北京市朝阳区麦子店街 18 号楼

邮编：100125

责任编辑：边 疆

版式设计：杨 婧　　责任校对：吴丽婷

印刷：中农印务有限公司

版次：2025 年 6 月第 1 版

印次：2025 年 6 月北京第 1 次印刷

发行：新华书店北京发行所

开本：700mm×1000mm　1/16

印张：11

字数：168 千字

定价：85.00 元
